高等学校土建类专业信息化系列教材

U0169604

建筑CAD

主　编　汪耀武　　易从艳　　赵　丹

副主编　庞俊勇　　柳　颖　　饶趁明

参　编　李瑶鹤　　熊小龙

西安电子科技大学出版社

内容简介

本书为校校合作、校企合作共同编写的新形态一体化教材。

本书以某居民楼的建筑施工图为载体，结合编者多年的教学经验，以"规范、易学、实用"为原则，将AutoCAD的基本命令融入实际案例中进行讲解，详细介绍了AutoCAD使用入门、建筑基础图形的绘制、建筑平面图的绘制、建筑立面图的绘制、建筑剖面图的绘制、建筑详图的绘制、图纸布局与发布等内容。绘图过程紧扣最新制图标准，书中重难点知识配有二维码微课视频，旨在让读者循序渐进地掌握并熟练运用AutoCAD的标准绘图方法和技巧。

本书可作为高职高专院校建筑类专业学生的教材，也可作为教师和相关企业科技人员的参考书及培训用书。

图书在版编目(CIP)数据

建筑CAD / 汪耀武，易从艳，赵丹主编. --西安：西安电子科技大学出版社，2023.9
ISBN 978-7-5606-6967-0

Ⅰ.①建⋯　Ⅱ.①汪⋯ ②易⋯ ③赵⋯　Ⅲ.①建筑制图—高等职业教育—教材　Ⅳ.①TU204

中国国家版本馆 CIP 数据核字(2023)第151629号

策　　划　李鹏飞　杨丕勇
责任编辑　李鹏飞
出版发行　西安电子科技大学出版社(西安市太白南路2号)
电　　话　(029)88202421　88201467　　　　邮　　编　710071
网　　址　www.xduph.com　　　　　　　　　电子邮箱　xdupfxb001@163.com
经　　销　新华书店
印刷单位　陕西天意印务有限责任公司
版　　次　2023 年 9 月第 1 版　2023 年 9 月第 1 次印刷
开　　本　787 毫米×1092 毫米　1/16　印张 11.5
字　　数　271千字
印　　数　1～3000册
定　　价　38.00 元
ISBN 978 - 7 - 5606 - 6967 - 0 / TU
XDUP 7269001-1
＊＊＊如有印装问题可调换＊＊＊

前　言

本书是一本全面介绍建筑工程领域计算机辅助设计 (CAD) 的新形态教材，是编者多年教学经验的总结与升华。编者依据现行最新制图标准，紧密结合工程图实例进行编写，最大程度体现了"规范、易学、实用"的原则。

本书在编写过程中力求突出以下几方面的特色：

(1) 采用项目化和任务驱动教学的方式，注重实践能力的培养。本书根据工作过程精心选取教学任务，目的是让读者在完成任务的同时轻松掌握知识，真正实现"教、学、做合一"，构建以完成工作任务为目标、突出技能培养为主线的知识体系结构。

(2) 校校合作、校企合作共同编写，选用适宜的企业工程图实例，由浅入深，详细讲解绘图步骤，并通过二维码的方式提供微课视频。

(3) 规范化绘图，培养读者利用快捷键输入命令的良好习惯。绘图过程全部严格按照最新设计规范及制图标准执行，输入命令时一般只提供快捷键，让读者从一开始就养成良好的绘图习惯，以提高绘图速度。

(4) 全面融入课程思政。每个项目均提炼出课程思政元素，并且课程目标、课程标准、课件、微课等资源也全面融入了思政元素。

咸宁职业技术学院汪耀武、易从艳，武汉商贸职业学院赵丹担任本书主编，咸宁职业技术学院庞俊勇、柳颖、饶趁明担任副主编，咸宁职业技术学院李瑶鹤、湖北晓雲科技有限公司熊小龙参编。具体编写分工为：汪耀武编写项目一和项目三并负责全书的统稿工作，赵丹编写项目二，易从艳编写项目四和项目五，柳颖编写项目六，庞俊勇编写项目七，饶趁明、李瑶鹤参与校核修订工作，熊小龙提供部分工程图纸并给予指导。衷心感谢在编写过程中给予大力支持和帮助的各位同仁，也对参考文献的作者一并表示衷心的感谢！

由于编者水平有限，书中如有不足之处敬请广大读者批评指正，以便修订时改进。

编者 E-mail: xnwangyaowu@qq.com。

编　者

2023 年 5 月

目 录

TENTS

绪　论

课程思政概述

本书以习近平新时代中国特色社会主义思想为指导，全面融入党的二十大精神，根据课程特色和培养目标，深入挖掘课程思政融合点，将课程思政建设落实到课程目标、课程标准、教材、课件、微课等各个方面，以培育工匠精神和遵守职业规范为主线，结合思政融合点融入社会主义核心价值观、家国情怀、创新精神和大局意识等思政元素，以润物细无声的方式将正确的价值追求有效传递给学生，促进学生树立正确的世界观、人生观和价值观，培养具有良好专业技能及较高政治素养的社会主义合格建设者和接班人，从而实现"知识传授、能力培养、价值塑造"三位一体的课程教学目标。

全书主要架构与思政元素融入设计如下：

序号	项目	思政融合点	课程思政元素
1	项目一 AutoCAD 使用入门	国产 CAD 软件的发展	通过让学生了解我国在 CAD 软件开发领域的飞速发展和成就，激发学生的爱国热情，树立"技能成才，强国有我"的产业报国自信
		图像对象的选择	框选一般从右往左进行，但有时从左往右框选可能更快捷。生活中有很多规则需要遵守，但也不能墨守成规，要有创新意识
		图形观察方法	图形变大或缩小并不是变大或缩小图形的尺寸，而是类似于近大远小的原理。很多时候我们不能被事物的表面现象所迷惑，同时要诚实守信
2	项目二 建筑基础图形 的绘制	基础图形的编辑修改	"不积跬步，无以至千里"，任何图形都要从细微处开始，一点一线进行编辑修改，要培养精益求精的工匠精神
		直线和多段线的区别	绘制台阶时使用多段线可以通过偏移快速完成，但是使用直线绘制就会慢很多。人的一生也会面临很多选择，正确的选择可以让你少走很多弯路
		对象捕捉的设置	很多学生在设置对象捕捉模式时喜欢全部选择，但是有些特征点（比如切点）的捕捉容易受到其他点的干扰。生活也一样，凡事有度，过犹不及

续表

序号	项目	思政融合点	课程思政元素
3	项目三 建筑平面图的绘制	依据《房屋建筑制图统一标准》绘图	"无规矩不成方圆",做任何事情都要有规矩、懂规矩、守规矩,培养学生规范制图的意识
		设置绘图环境	"磨刀不误砍柴工",无论做什么事情,只要事前打好基础或做好充分的准备,就可以收到事半功倍的效果
		绘制墙体	通过墙体材料的分析,引导学生思考"我国为什么禁止使用红砖"这个问题,培养学生的环保意识
		尺寸标注	图纸尺寸一旦标注错误,可能会造成很大的损失,甚至会引发安全事故,要不断强化质量和安全意识
		绘制图幅、图框	培养学生的底线思维和红线意识,营造尊法、学法、守法、用法的良好氛围
4	项目四 建筑立面图的绘制	立面图与平面图的关系	立面图可以从不同角度反映房屋的外立面装修。生活中有时如果能换个角度看待问题,跳出固有思维,结果可能就会大不相同
		绘制立面窗	引导学生思考立面窗的开启方式、材质和工艺在节能效果方面的区别,牢固树立和践行"绿水青山就是金山银山"的理念,倡导低碳环保生活
5	项目五 建筑剖面图的绘制	剖面图的意义	当内部结构较复杂时,需要将结构剖开,绘制其剖面图,才能更清楚其内在情况。我们平时遇到人、事、物时也一样,不能只看表面,要剖析其内在,透过现象看本质
		绘制剖面楼梯	发生地震时,楼梯是人们逃生的唯一通道。设计楼梯时以提升楼梯间的抗震性能为目标,建成整个结构的"安全岛",体现了"以人为本"的设计理念和社会责任
6	项目六 建筑详图的绘制	建筑详图与建筑平、立、剖面图的关系	树立全局观念和大局意识,正确处理个人与集体、局部与整体之间的利益关系
7	项目七 图纸布局与发布	输出图形	强化学生的成果意识,培养学生形成敢于分享、乐于分享、善于分享的良好习惯

项目一 | AutoCAD 使用入门

 学习目标

 知识目标

- 了解 AutoCAD 的发展历程。
- 了解 AutoCAD 2020 的用户界面。
- 掌握观察图形的方法。

能力目标

- 能操作 AutoCAD 2020 的用户界面。
- 能对图形进行观察。

思政目标

- 激发爱国热情，树立文化自信。
- 培养不墨守成规的创新精神。
- 培养透过现象看本质的职业素养。

一、CAD 技术

CAD(Computer Aided Design，计算机辅助设计) 是利用计算机在各类工程设计中进行辅助设计的技术的总称，而不仅仅指某个软件。CAD 诞生于 20 世纪 60 年代，源于美国麻省理工学院提出的交互式图形学的研究计划。当时硬件设施昂贵，只有美国通用汽车公司和美国波音航空公司使用自行开发的交互式绘图系统。直到 20 世纪 70 年代，小型计算机的制造费用下降，美国工业界才开始广泛使用交互式绘图系统。

20 世纪 80 年代，由于 PC 的应用，CAD 得以迅速发展，出现了专门从事 CAD 系统开发的公司。当时 VersaCAD 是专业的 CAD 制作公司，其开发的 CAD 软件功能强大，但由于价格昂贵，因此没有得到普遍应用。而当时的美国 Autodesk 公司是一个仅有数名员工的小公司，其开发的 CAD 系统虽然功能有限，但因可免费拷贝而得以广泛应用。同时，由于该系统的开放性，该 CAD 软件升级迅速。

中国的 CAD 技术是在国外 CAD 技术的基础上的二次开发。随着中国企业对 CAD 应用需求的提升，国内 CAD 开发商纷纷开发基于国外平台软件的二次开发产品，这让国内企业真正普及了 CAD，并涌现出了一批优秀的 CAD 开发商。在二次开发的基础上，部分顶尖的国内 CAD 开发商也逐渐探索出了适合中国发展和需求模式、符合国内企业使用的 CAD 产品。他们的目的是开发最好的 CAD，甚至为全球提供最优的 CAD 技术。目前，国内的 CAD 主要分为以下三类：

(1) 自成体系、特点鲜明的国产 CAD，这类 CAD 的代表包括 CAXA、开目 CAD 等。

(2) 在 AutoCAD 的基础上二次开发的 CAD，这类 CAD 的代表包括天河 CAD、InteCAD 等。

(3) 与 AutoCAD 的功能和操作方式大体一致的 CAD，这类 CAD 的代表包括中望 CAD、尧创 CAD、浩辰 CAD 等。

二、AutoCAD 软件

AutoCAD 软件是美国 Autodesk 公司推出的通用计算机辅助设计和绘图软件包。由于 AutoCAD 具有易学易用、功能完善、结构开放等特点，因此它已经成为目前最流行的计算机辅助设计软件。AutoCAD 集二维、三维交互绘图功能于一体，目前已成功应用到建筑、机械、电子、航天和冶金等各个领域。

1982 年 11 月，Autodesk 公司正式推出 AutoCAD V1.0 版本。尽管 AutoCAD V1.0 的载体为一张 360 KB 的软盘，它无菜单，命令需要识记，执行方式类似于 DOS 命令，但它的推出是计算机辅助设计的一个里程碑。1992 年 6 月推出的 R12.0 之前的版本都是 DOS 版，从 R12.0 开始增加了 Windows 版，以适应 Windows 操作系统。R14.0 之后的版本取消了 DOS 版，从 2000 版开始使用年份作为版本号，以后几乎每年都会升级一次，升级后的软件的内容越来越丰富，功能越来越强大，操作也越来越方便。这里介绍版本较高的 AutoCAD 2020 的使用教程，教程中的操作尽可能使用快捷键，除了提高绘图速度，还可打破不同版本的使用限制。

任务二　使用 AutoCAD

一、AutoCAD 2020 的用户界面

AutoCAD 2020 包括经典、草图与注释等多种用户界面，其中使用最多的经典界面包括工具栏、菜单栏、标题栏、命令行、状态栏等元素，如图 1-1 所示。

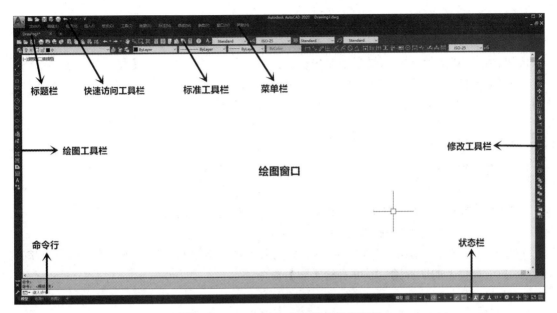

图 1-1 AutoCAD 2020 的经典用户界面

1. 工具栏

工具栏中的图标是启动命令的工具按钮，这种形象又直观的图标形式，能方便初学者记住复杂繁多的命令。单击工具栏上相应的图标来启动命令是初学者常用的方法之一。但建议从一开始就养成使用快捷键进行绘图操作的良好习惯，这样能大大提高绘图速度。

AutoCAD 2020 的经典用户界面显示的工具栏有快速访问工具栏、标准工具栏、绘图工具栏、修改工具栏等。例如，位于界面最顶端的快速访问工具栏包含了操作过程中最常用的快捷按钮，方便用户使用。快速访问工具栏在默认状态下包含 7 个快捷操作按钮，分别为【新建】【打开】【保存】【另存为】【打印】【放弃】和【重做】。另外，还有一个【自定义快速访问工具栏】按钮，可以在下拉菜单中添加或删除快捷按钮进行自定义设置。

2. 菜单栏

菜单栏包括【文件】【编辑】【视图】【插入】【格式】【工具】【绘图】【标注】【修改】【参数】【窗口】和【帮助】这 12 个菜单，每个菜单中又包含若干子菜单。菜单栏里几乎包括了 AutoCAD 中全部的功能和命令。

3. 标题栏

标题栏用于显示当前正在运行的程序名与文件名等信息。AutoCAD 图形文件的默认名称为 DrawingN.dwg(N 是数字)。dwg 是 AutoCAD 图形文件的文件拓展名。

4. 命令行

命令行是绘图窗口下端的文本窗口，它的作用主要有两个：一是显示命令的步骤，它像指挥官一样指挥用户下一步该干什么，所以在刚开始学习 AutoCAD 时，就要养成看命令行的习惯；二是可以通过命令行的滚动条查询命令的历史记录。为了更好地帮助用户查找更多的信息，可以按【F2】键激活命令文本窗口，这样查询命令的历史记录会更方便。再次按【F2】键，命令文本窗口即可消失。

微课：认识命令行

5. 状态栏

状态栏位于界面的最下端。状态栏的左边显示当前鼠标指针所处位置的坐标值。在默认状态下，状态栏上显示的是绝对坐标。此外，状态栏还显示了【显示图形栅格】【捕捉模式】【正交限制光标】等作图辅助工具的开关按钮。状态栏最右端是【自定义】按钮，用户可以通过选择或取消里面的命令项来进行自定义显示设置。

二、AutoCAD 2020 的基本操作

1. 基本输入操作

1) 命令的输入方式

下面以绘制圆为例介绍命令的输入方式。命令的输入方式主要有以下三种：

(1) 单击工具栏上的图标启动命令。

对于新手来说，单击工具栏上的图标启动命令是最常用的一种方法。绘制圆时，单击【绘图】工具栏上的图标◎，即可启动【圆】命令。

(2) 通过菜单启动命令。

可选择菜单栏中的【绘图】→【圆】命令来启动绘制圆命令。

(3) 在命令行中输入快捷命令启动命令。

在命令行中输入"C"后按【Enter】键即可启动绘制圆的命令。常用命令的快捷键见附录一。

> 【小贴士】在命令行中输入快捷命令时，应启用英文输入法，输入的英文字母不区分大小写。除了在文字输入状态下，一般情况下，按空格键与按【Enter】键的作用相同。

微课：输入命令

2) 命令的撤销与重复

(1) 命令的撤销。

在进行命令输入时，按【Esc】键可中断正在执行的命令。

(2) 命令的重复。

在命令行为空的状态下，按【Enter】键或空格键会自动重复执行刚刚使用过的命令。

微课：确认、撤销与重复命令

2. 图形的观察方法

在绘制图形的过程中，经常会用到视图的缩放、平移等控制图形显示的操作，以更方便、更准确地绘制图形。AutoCAD 2020 提供了很多观察图形的方法，这里只介绍最常用的三种。

1) 平移

使用【实时平移】命令相当于用手将桌子上的图纸上下左右来回挪动。在命令行中输入"P"后按空格键，这时光标变成"手"的形状，按住鼠标左键并拖动光标即可上下左右随意挪动视图。最常用的方法是直接按住鼠标中键来实现平移。

2) 实时缩放

使用【实时缩放】命令可以将图形任意地放大或缩小。单击标准工具栏上的【实时缩放】图标，这时光标变成放大镜的形状，按住鼠标左键将鼠标向前推则图形变大，向后

拉则图形变小。最常用的方法是上下滚动鼠标的中键来执行【实时缩放】命令。

【小贴士】图形变大或缩小并不是将图形的尺寸变大或缩小了，而是类似于近大远小的原理，图形变大是将图纸移得离眼睛近了，图形变小则是将图纸移得离眼睛远了。

3）范围缩放

使用【范围缩放】命令可以将图形文件中所有的图形居中并占满整个屏幕。在命令行输入"Z"后按空格键，然后输入"E"并再次按空格键，即可执行【范围缩放】命令，此时会发现整个图形居中并占满整个屏幕。直接双击鼠标中键也可以实现同样的效果。

微课：观察图形

3. 选择图形对象

1）点选

用鼠标左键单击图形对象，即可使其处于选中状态。在默认情况下，可以连续操作以选中多个目标对象。

2）框选

当需要选择多个图形对象且图纸较为复杂时，框选显得更为灵活。微课：选择图形对象
框选是 CAD 中使用频率最高的选择操作。在框选的时候，一般以右下角为起点，从右往左进行。

【小贴士】在框选的时候，有时会发现选区是不规则图形，那是因为高版本中默认按住鼠标左键框选是套索选择，此时可以单击左键后松开再框选，选区就变成矩形框了。当然，也可以通过【工具】→【选项】→【选择集】进行设置，取消"允许按住并拖动套索"选择框，这样不管框选时是否按住鼠标左键，都不会变成套索选择。

3）全选

使用【Ctrl + A】快捷键，就可以快速选中全部图形。

 项目小结

本项目的内容是 AutoCAD 最基本的知识和操作技巧。本项目首先讲解了 CAD 技术和 AutoCAD 软件的相关知识，然后介绍了 AutoCAD 2020 用户界面的组成及工具栏、菜单栏、标题栏、命令行、状态栏等的使用方法和一些基本操作等。为便于以后的学习，要求读者熟悉图 1-1 中所标出的工具栏、菜单栏、状态栏等。

另外，本项目还介绍了平移、实时缩放、范围缩放三种基本的控制图形显示状态的方法和图形对象的选择方法，特别要注意不同方法的区别和使用过程中的灵活选择。

同步测试

一、单选题

1. 一般情况下，按空格键与按【Enter】键的作用 (   )。

A. 相同　　　　　B. 相反　　　　C. 不相同　　　D. 差不多

2. 按 (   ) 键可中断正在执行的命令。

A. Shift　　　　　B. Esc　　　　C. Ctrl　　　　D. Alt

3. 使用 (   ) 命令可以将图形文件中所有的图形居中并占满整个屏幕。

A. 实时缩放　　B. 平移　　　C. 范围缩放　　D. 重生成

4. 按住鼠标的 (   )，指针会变成手的形状，执行【平移】命令。

A. 左键　　　　　B. 中键　　　　C. 右键　　　　D. 左键和中键

5. 滚动鼠标中键执行的是 (   ) 命令。

A. 实时缩放　　B. 平移　　　C. 范围缩放　　D. 重生成

二、问答题

1. 指出 AutoCAD 2020 用户界面的工具栏、菜单栏、标题栏、命令行和状态栏。

2. 命令行有什么作用？

3. 利用观察图形命令去观察图形，图形的尺寸是否真的变大或缩小了？

4. 框选时如何将不规则选区变成矩形框？

项目二 建筑基础图形的绘制

 学习目标

 知识目标

- 掌握 AutoCAD 常用基本命令的用法。
- 学会分析和选择建筑基础图形的绘制方法。
- 掌握 AutoCAD 绘图技巧。

能力目标

- 能运用 AutoCAD 常用基本命令绘图。
- 能选择合适方法进行建筑基础图形的绘制。

思政目标

- 培养精益求精的工匠精神。
- 培养勇于尝试、敢于创新的职业素养。
- 培养严谨规范的学习态度。

任务一 绘制独立基础立面图

一、任务布置

运用【直线】命令和相对直角坐标(相对极坐标)绘制如图 2-1 所示的独立基础立面图。

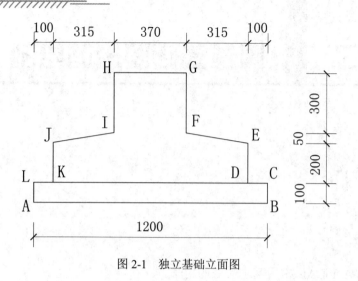

图 2-1　独立基础立面图

二、相关知识

相对坐标表示的是一个相对位置。在相对坐标中，对于不同的对象，同一个点的坐标值不同。相对坐标分为相对直角坐标和相对极坐标。

1. 相对直角坐标

相对直角坐标的输入方法是以某点为参考点，输入相对位移坐标的值来确定点的位置，与坐标原点无关，可以将相对直角坐标看作始终将上一个点当作坐标原点。

在直角坐标系中，输入相对坐标值时必须先输入"@"符号，然后输入相对上一个点的 X、Y 轴方向坐标的偏移值。偏移值的正负与坐标轴的正负方向一致。"@"字符表示当前为相对坐标输入。例如，输入"@20,15"表示输入的点相对于前一点在 X 轴上向右移动 20 个单位，在 Y 轴上向上移动 15 个单位。

2. 相对极坐标

相对极坐标的输入方法是输入指定点距前一点的距离（极径）和角度（极角）。同样，在极坐标值前要加上"@"符号。例如，要指定相对于前一点距离（极径）为 20、角度（极角）为 30° 的点，则应输入"@20<30"或"@20<-330"。

> 【小贴士】相对极坐标中的极角是指定点和前一点的连线与 X 轴正向的夹角，以逆时针方向为正，顺时针方向为负。

微课：区别绝对坐标与相对坐标

三、绘制步骤（以相对直角坐标法为例）

以 A 为起点开始绘制，输入【直线】命令 L✓。
指定第一点：任意指定
指定下一点或 [放弃 (U)]: @1200,0✓
指定下一点或 [退出 (E)/ 放弃 (U)]: @0,100✓
指定下一点或 [关闭 (C)/ 退出 (E)/ 放弃 (U)]: @-100,0✓

指定下一点或 [关闭 (C)/ 退出 (E)/ 放弃 (U)]: @0,200 ✓

指定下一点或 [关闭 (C)/ 退出 (E)/ 放弃 (U)]: @-315,50 ✓

指定下一点或 [关闭 (C)/ 退出 (E)/ 放弃 (U)]: @0,300 ✓

指定下一点或 [关闭 (C)/ 退出 (E)/ 放弃 (U)]: @-370,0 ✓

指定下一点或 [关闭 (C)/ 退出 (E)/ 放弃 (U)]: @0,-300 ✓

指定下一点或 [关闭 (C)/ 退出 (E)/ 放弃 (U)]: @-315,-50 ✓

指定下一点或 [关闭 (C)/ 退出 (E)/ 放弃 (U)]: @0,-200 ✓

指定下一点或 [关闭 (C)/ 退出 (E)/ 放弃 (U)]: @-100,0 ✓

指定下一点或 [关闭 (C)/ 退出 (E)/ 放弃 (U)]: C ✓

输入【直线】命令 L ✓，连接 KD。

任务二　绘制指北针

一、任务布置

运用【圆】【多段线】【删除】命令绘制如图 2-2 所示的指北针。

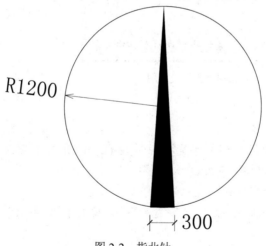

R1200

300

图 2-2　指北针

二、绘制步骤

输入【圆】命令 C ✓。

指定圆的圆心或 [三点 (3P)/ 两点 (2P)/ 切点、切点、半径 (T)]: 任意指定

指定圆的半径或 [直径 (D)]: 1200 ✓

输入【构造线】命令 XL ✓，绘制辅助线。

指定点或 [水平 (H)/ 垂直 (V)/ 角度 (A)/ 二等分 (B)/ 偏移 (O)]:V ✓

指定通过点：捕捉圆心

【小贴士】捕捉圆心之前必须打开【对象捕捉】选项卡，并且在【对象捕捉模式】里面选中【圆心】，见图 2-3。如果发现选中后还捕捉不到圆心，可以用鼠标触碰一下圆的边线，圆心即可显示。同时要特别注意：对象捕捉只有在执行某个具体命令的时候才能生效。绘制好的构造线如图 2-4 所示。

微课：运用
【对象捕捉】命令

图 2-3　对象捕捉模式设置图

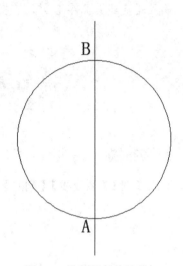

图 2-4　绘制好的构造线

输入【多段线】命令 PL↙。

指定起点：捕捉 A 点

指定下一个点或 [圆弧 (A)/ 半宽 (H)/ 长度 (L)/ 放弃 (U)/ 宽度 (W)]：W↙

指定起点宽度 <0.0000>：300↙

指定端点宽度 <300.0000>：0↙

指定下一个点或 [圆弧 (A)/ 半宽 (H)/ 长度 (L)/ 放弃 (U)/ 宽度 (W)]：捕捉 B 点

输入【删除】命令 E↙，删除辅助线。

微课：运用【多段线】命令绘制箭头

【小贴士】绘图过程中也可以不绘制辅助线，直接在【对象捕捉】选项卡里面选中【象限点】，即可快速找到 A、B 两点。

一、任务布置

运用【矩形】【偏移】【分解】【定数等分】【直线】【修剪】【删除】等命令绘制如图 2-5 所示的窗户，已知亮窗位于 1/3 处。

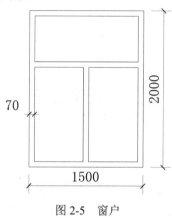

图 2-5 窗户

二、绘制步骤

输入【矩形】命令 REC ↙。

指定第一个角点或 [倒角 (C)/ 标高 (E)/ 圆角 (F)/ 厚度 (T)/ 宽度 (W)]: 任意指定

指定另一个角点或 [面积 (A)/ 尺寸 (D)/ 旋转 (R)]: @1500,2000 ↙

输入【偏移】命令 O ↙。

指定偏移距离或 [通过 (T)/ 删除 (E)/ 图层 (L)] < 通过 >: 70 ↙

微课：绘制矩形

选择要偏移的对象，或 [退出 (E)/ 放弃 (U)] < 退出 >: 选中矩形

指定要偏移的那一侧上的点，或 [退出 (E)/ 多个 (M)/ 放弃 (U)] < 退出 >: 点取矩形里面任意位置

输入【分解】命令 X ↙。

选择对象：选中内矩形 ↙

微课：设置点样式

输入【定数等分】命令 DIV ↙。

选择要定数等分的对象：选中内矩形左边线 ↙

输入线段数目或 [块 (B)]: 3

【小贴士】将内矩形左边线三等分后，图形似乎没什么变化，这主要是由等分点显示的样式所致。这时只需要按图 2-6 修改一下点样式，等分点便能显示出来。等分后的效果见图 2-7。

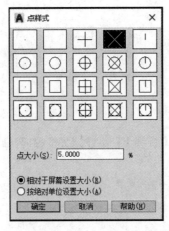

图 2-6　修改点样式

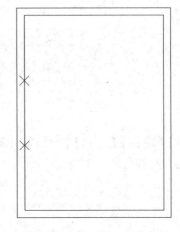

图 2-7　修改后的三等分效果

输入【直线】命令 L↙，分别绘制出 1/3 处水平线和竖向中线，结果如图 2-8 所示。

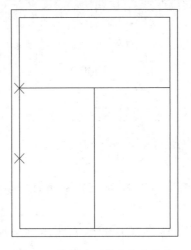

图 2-8　绘制水平线和竖向中线

输入【偏移】命令 O↙。

指定偏移距离或 [通过 (T)/ 删除 (E)/ 图层 (L)] <70.0000>: 35↙

分别将水平中线向上、向下偏移 35，竖向中线向左、向右偏移 35。

输入【修剪】命令 TR↙，修剪掉多余的线条。

选择对象 : 选中与要修剪的线相交的线

选择要修剪的对象，或按住【Shift】键选择要延伸的对象，或 [栏选 (F)/ 窗交 (C)/ 投影 (P)/ 边 (E)/ 删除 (R)/ 放弃 (U)]: 选中要修剪的线

微课：运用
【修剪】命令

【小贴士】初学修剪命令很容易犯错，一定要多用多想。另外，使用修剪命令还有一个小技巧，就是在输入 TR 后，连续按两次空格，就可以直接修剪掉不需要的线条。

输入【删除】命令 E↙，删除点的样式符号。

任务四 绘制台阶

一、任务布置

运用【直线】【多段线】【圆弧】【镜像】【偏移】等命令绘制图 2-9 所示的台阶。

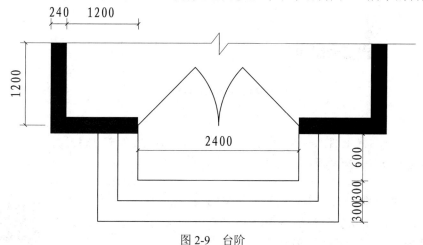

图 2-9 台阶

二、绘制步骤

输入【直线】命令 L↙，绘制折断线。

输入【多段线】命令 PL↙，绘制墙体。

指定起点：适当位置

指定下一个点或 [圆弧 (A)/ 半宽 (H)/ 长度 (L)/ 放弃 (U)/ 宽度 (W)]: W↙

指定起点宽度 <0.0000>: 240

指定端点宽度 <240.0000>:↙

指定下一个点或 [圆弧 (A)/ 半宽 (H)/ 长度 (L)/ 放弃 (U)/ 宽度 (W)]: 1200

指定下一点或 [圆弧 (A)/ 闭合 (C)/ 半宽 (H)/ 长度 (L)/ 放弃 (U)/ 宽度 (W)]: 1320

指定下一点或 [圆弧 (A)/ 闭合 (C)/ 半宽 (H)/ 长度 (L)/ 放弃 (U)/ 宽度 (W)]:↙

输入【直线】命令 L↙。

指定第一点：选中墙体与门交点

指定下一点或 [放弃 (U)]: 1200↙

指定下一点或 [放弃 (U)]:↙

输入【圆弧】命令 A↙，绘制门。

微课：运用
【圆弧】命令

指定圆弧的起点或 [圆心 (C)]: C

指定圆弧的圆心 : 选中 A 点

指定圆弧的起点 : 选中 B 点

输入角度 : 45 ↙

输入【直线】命令 L ↙，连接 AC。绘制好的门如图 2-10 所示。

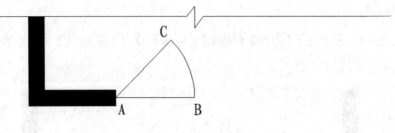

图 2-10　绘制好的门

【小贴士】使用圆弧命令的时候，要特别注意圆弧角度以逆时针为正，所以起点和角度的选择尤为重要。

删除 AB 辅助线，输入【镜像】命令 MI ↙。

选择对象 : 选中绘制好的墙体和门 ↙

指定镜像线的第一点 : 选中 B 点

指定镜像线的第二点 : 选中通过 B 点的对称线上另外一点

要删除源对象吗？ [是 (Y)/ 否 (N)] <N>: ↙

微课 : 区别直线
与多段线

输入【多段线】命令 PL ↙，将起点和终点宽度设置为 0，绘制出最里侧台阶线。

【小贴士】绘制最里侧台阶线的时候，之所以没有选择直线命令，主要是因为后面还需要偏移。直线和多段线最主要的区别就是直线绘制出来的图形线段都是独立的，而多段线绘制出来的图形线段都是一个整体。当然,也可以使用【多段线编辑】命令 PE 将直线合并为多段线。

输入【偏移】命令 O ↙，连续两次向外偏移 300，绘制出台阶。

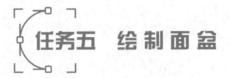

任务五　绘制面盆

一、任务布置

运用【椭圆】【偏移】【直线】【修剪】【倒圆角】【圆】等命令绘制如图 2-11 所示的面盆。

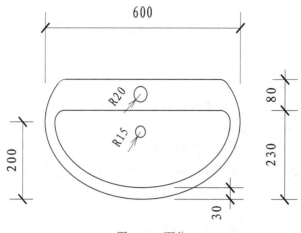

图 2-11　面盆

二、绘制步骤

输入【椭圆】命令 EL ✓ 。

指定椭圆的轴端点或 [圆弧 (A)/ 中心点 (C)]: C ✓

指定椭圆的中心点 : 任意指定

指定轴的端点 : 300 ✓

指定另一条半轴长度或 [旋转 (R)]: 200 ✓

输入【偏移】命令 O ✓ 。

指定偏移距离或 [通过 (T)/ 删除 (E)/ 图层 (L)] < 通过 >: 30 ✓

选中椭圆向内偏移 30。

输入【直线】命令 L ✓ ，绘制辅助线 AB。

指定第一点 : 指定 A 点 (外椭圆的象限点)

指定下一点或 [放弃 (U)]: 230

指定下一点或 [退出 (E) 放弃 (U)]: ✓

过 B 点在内椭圆里面绘制一条水平直线，然后向上偏移 80，如图 2-12 所示。

输入【修剪】命令 TR ✓ ，修剪掉多余线条，如图 2-13 所示。

微课 : 绘制椭圆

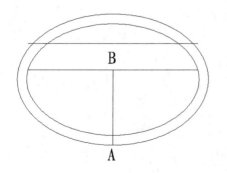

图 2-12　绘制辅助线 AB

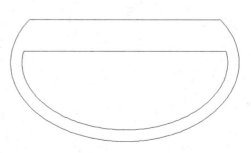

图 2-13　修剪后的结果

【小贴士】绘制辅助线 AB 的时候，选定 A 点，在【对象捕捉模式】中选中【象限点】。

输入【倒圆角】命令 F↙。

选择第一个对象或 [放弃 (U)/ 多段线 (P)/ 半径 (R)/ 修剪 (T)/ 多个 (M)]: R↙

指定圆角半径 <0.0000>: 30↙

分别选择面盆四个角的两边进行圆角处理。

输入【圆】命令 C↙，在 AB 及延长线上适当位置绘制两个圆，半径分别为 15 和 20。

【小贴士】圆角半径可根据具体需要进行选择。

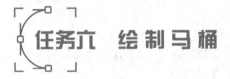

任务六 绘制马桶

一、任务布置

运用【矩形】【自】【椭圆】【偏移】【修剪】【直线】等命令绘制如图 2-14 所示的马桶。

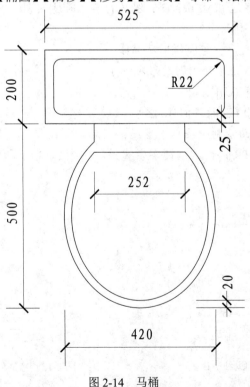

图 2-14 马桶

二、绘制步骤

输入【矩形】命令 REC↙，绘制大小为 525×200 的矩形，然后按【Enter】键重复【矩形】命令。

指定第一个角点或 [倒角 (C)/ 标高 (E)/ 圆角 (F)/ 厚度 (T)/ 宽度 (W)]: F↙

指定矩形的圆角半径 <0.0000>: 22↙

指定第一个角点或 [倒角 (C)/ 标高 (E)/ 圆角 (F)/ 厚度 (T)/ 宽度 (W)]: FROM↙

基点 : 选取 A 点 (见图 2-15)

< 偏移 >: @25,25↙

指定另一个角点或 [面积 (A)/ 尺寸 (D)/ 旋转 (R)]: @475,150↙

> 【小贴士】【自】命令能够准确捕捉相对于参照点偏移一定角度和距离的点，它可以通过同时按住【Shift】键和鼠标右键调出。和对象捕捉一样，【自】命令只有在执行某个具体命令的时候才能生效。需要注意的是，上述绘图步骤中第一次相对坐标参考点为 A 点，而第二次相对坐标参考点则是内矩形的左下角点。

微课：运用
【自】命令

输入【椭圆】命令 EL↙

指定椭圆的轴端点或 [圆弧 (A)/ 中心点 (C)]: 选取中点 B

指定轴的另一个端点 : 500↙

指定另一条半轴长度或 [旋转 (R)]: 210↙

输入【偏移】命令 O↙，绘制出里面的小椭圆。输入【直线】命令 L↙，运用【自】命令以 B 点为参照点，分别向左和向右找出 C、D 点，并竖直往下绘制直线与小椭圆分别相交于 E、F 点，如图 2-15 所示。

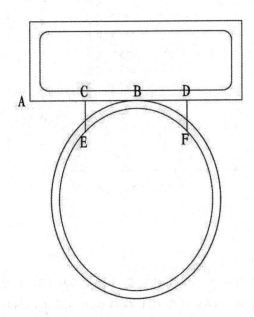

图 2-15　通过【自】命令绘制交线

输入【修剪】命令 TR ↙，修剪掉多余线条。

输入【直线】命令 L ↙，绘制直线 EF。

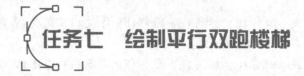

任务七　绘制平行双跑楼梯

一、任务布置

运用【矩形】【分解】【偏移】【阵列】【直线】【多段线】等命令绘制如图 2-16 所示的平行双跑楼梯。

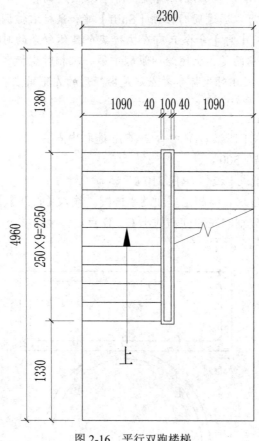

图 2-16　平行双跑楼梯

二、绘制步骤

输入【矩形】命令 REC ↙。

指定第一个角点或 [倒角 (C)/ 标高 (E)/ 圆角 (F)/ 厚度 (T)/ 宽度 (W)]: 任意指定

指定另一个角点或 [面积 (A)/ 尺寸 (D)/ 旋转 (R)]: @2360,4960 ↙

输入【分解】命令 X ↙。

选择对象：选择所绘制矩形✓

输入【偏移】命令 O ✓，将矩形上边线向下偏移 1380，得到楼梯休息平台边线。

输入【阵列】命令 AR ✓。

选择对象：选择楼梯休息平台边线✓

输入阵列类型 [矩形 (R)/ 路径 (PA)/ 极轴 (PO)] < 矩形 >:R ✓

选择夹点以编辑阵列或 [关联 (AS)/ 基点 (B)/ 计数 (COU)/ 间距 (S)/ 列数 (COL)/ 行数 (R)/ 层数 (L)/ 退出 (X)] < 退出 >:COL ✓

输入列数或 [表达式 (E)]:1 ✓

指定列数之间的距离或 [总计 (T)/ 表达式 (E)]:1 ✓

选择夹点以编辑阵列或 [关联 (AS)/ 基点 (B)/ 计数 (COU)/ 间距 (S)/ 列数 (COL)/ 行数 (R)/ 层数 (L)/ 退出 (X)] < 退出 >:R ✓

输入行数或 [表达式 (E)]:10 ✓

指定行数之间的距离或 [总计 (T)/ 表达式 (E)]:-250 ✓

指定行数之间的标高增量或 [表达式 (E)]:0 ✓

选择夹点以编辑阵列或 [关联 (AS)/ 基点 (B)/ 计数 (COU)/ 间距 (S)/ 列数 (COL)/ 行数 (R)/ 层数 (L)/ 退出 (X)] < 退出 >: ✓

【小贴士】阵列设置中，列数之间的距离不能为负值，且值必须非零，所以设置列数之间的距离为"1"，等同于偏移距离为 0。行排列方向向下，所以行数之间的距离为负值。

输入【矩形】命令 REC ✓，绘制大小为 100×2250 的矩形，并向外偏移 40，得到梯井。将其移动至梯段中间，并进行修剪，绘制好的踏步和梯井如图 2-17 所示。

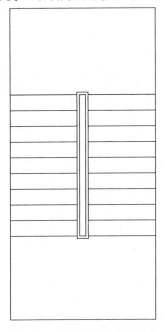

图 2-17 绘制好的踏步和梯井

【小贴士】用【阵列】命令绘制的踏步线是一个整体,修剪前必须先用【分解】命令进行分解。

使用【直线】命令 L↙,绘制出折断线。

【小贴士】绘制折断线时,为了方便对齐,可以先绘制一条整体线段,再绘制"Z"字形折断符号,最后进行修剪。

使用【多段线】命令 PL↙,绘制出指示箭头,箭头起点线宽可设为100。

任务八　绘制旋转楼梯

一、任务布置

运用【直线】【打断】【阵列】【圆弧】等命令绘制如图2-18所示的旋转楼梯。

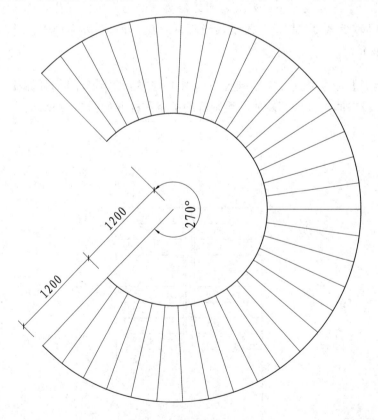

图 2-18　旋转楼梯

二、绘制步骤

　　输入【直线】命令 L↙。

　　指定第一点：任意指定

　　指定下一点或 [放弃 (U)]: @2400<225 ↙

　　指定下一点或 [放弃 (U)]: ↙

　　输入【打断】命令 BR ↙。

　　BREAK 选择对象：选择如图 2-19 所示的直线 AB↙

　　指定第二个打断点或 [第一点 (F)]: F ↙

　　指定第一个打断点：选择 AB 的中点 C

　　指定第二个打断点：选择 C 点

　　输入【阵列】命令 AR ↙。

　　选择对象：选择如图 2-19 所示的直线↙

　　输入阵列类型 [矩形 (R)/ 路径 (PA)/ 极轴 (PO)] < 矩形 >:PO ↙

　　指定阵列的中心点或 [基点 (B)/ 旋转轴 (A)]: 选择如图 2-19 所示
的 B 点为中心点

微课：运用
【打断】命令

微课：运用
【阵列】命令

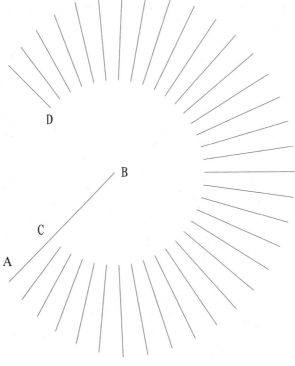

图 2-19　已阵列好的楼梯

　　选择夹点以编辑阵列或 [关联 (AS)/ 基点 (B)/ 项目 (I)/ 项目间角度 (A)/ 填充角度 (F)/
行 (ROW)/ 层 (L)/ 旋转项目 (ROT)/ 退出 (X)] < 退出 >:I ↙

　　输入阵列中的项目数或 [表达式 (E)]:35 ↙

　　选择夹点以编辑阵列或 [关联 (AS)/ 基点 (B)/ 项目 (I)/ 项目间角度 (A)/ 填充角度 (F)/

行 (ROW)/ 层 (L)/ 旋转项目 (ROT)/ 退出 (X)] < 退出 >:F ↙

指定填充角度 (+ = 逆时针，− = 顺时针) 或 [表达式 (EX)] <360>:270 ↙

选择夹点以编辑阵列或 [关联 (AS)/ 基点 (B)/ 项目 (I)/ 项目间角度 (A)/ 填充角度 (F)/

行 (ROW)/ 层 (L)/ 旋转项目 (ROT)/ 退出 (X)] < 退出 >: ↙

输入【圆弧】命令 A ↙，绘制旋转楼梯内弧。

指定圆弧的起点或 [圆心 (C)]: 选择 C 点

指定圆弧的第二个点或 [圆心 (C)/ 端点 (E)]: 选择任一阵列直线段的内侧端点

指定圆弧的端点 : 选择 D 点

同样，运用三点画圆弧的方法可以绘制出旋转楼梯的外弧。

任务九　绘制几何图形

一、任务布置

运用【圆】【正多边形】【修剪】【缩放】等命令绘制如图 2-20 所示的几何图形。

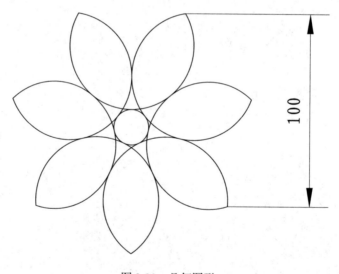

图 2-20　几何图形

二、绘制步骤

画任意大小的圆及内接七边形。

输入【圆】命令 C ↙。

指定圆的圆心或 [三点 (3P)/ 两点 (2P)/ 切点、切点、半径 (T)]: 任意指定

指定圆的半径或 [直径 (D)]: 任意指定 (如 100)

输入【正多边形】命令 POL ↙。

输入侧面数 <4>: 7

指定正多边形的中心点或 [边 (E)]: 选择圆心

输入选项 [内接于圆 (I)/ 外切于圆 (C)] <I>: ✓

指定圆的半径: 选择圆的最下边象限点

过圆心画中心的垂直线。

输入【圆】命令 C ✓。

指定圆的圆心或 [三点 (3P)/ 两点 (2P)/ 切点、切点、半径 (T)]: 3P ✓

依次捕捉 1、2、3 点 (见图 2-21)，其中第 3 点为切点。

> 【小贴士】切点的捕捉容易受到其他特征点的干扰，因此可以先设置【对象捕捉模式】为【切点】，捕捉完后再修改过来。

输入【修剪】命令 TR ✓，修剪掉小圆的多余部分，如图 2-21 所示。以"项目总数"为 7、大圆圆心为中心点环形阵列圆弧 132，如图 2-22 所示。

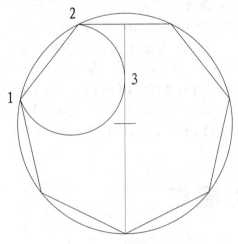

图 2-21　绘制阵列基本单元

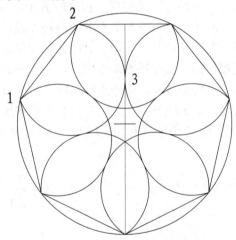

图 2-22　环形阵列后的图形

运用三切点画圆的方法绘制出中心圆，输入【修剪】命令 TR ✓，修剪掉辅助线。

输入【缩放】命令 SC ✓。

选择对象: 选择整个图形 ✓

指定基点: 捕捉大圆圆心

指定比例因子或 [复制 (C)/ 参照 (R)] <1.0000>: R ✓

指定参照长度 <1.0000>: 以 X 长度为参照 (捕捉 X 长度，见图 2-23)

指定新的长度或 [点 (P)] <1.0000>: 100 ✓

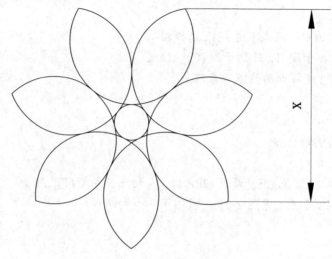

图 2-23 图形参照缩放

 项目小结

　　本项目通过工程构件实例讲解 AutoCAD 基本命令的运用方法和技巧。几个实例大多来自实际工程。将基本命令的学习巧妙融合在实际构件的绘制过程中，避免了传统学习基本命令时的枯燥与乏味，并且能让读者学以致用。本项目另外一个很重要的特点是引导读者使用快捷键进行基本命令输入，从一开始就培养良好的操作习惯，为以后熟练使用软件奠定了良好的基础。读者通过本项目的学习，应熟练掌握【直线】【圆】【多段线】【矩形】【自】【圆弧】【椭圆】【正多边形】等基本绘图命令的使用方法，并且掌握【偏移】【分解】【修剪】【定数等分】【删除】【镜像】【圆角】【阵列】【打断】【缩放】等基本修改命令的使用技巧。

同步测试

一、单选题

1. 表示相对坐标的符号是（　　）。

A. #　　　　　　　　B. %　　　　　　　　C. @　　　　　　　　D. &

2. （　　）是无限延长的直线。

A. 构造线　　　　　B. 直线　　　　　　C. 射线　　　　　　D. 多段线

3. 使用（　　）绘制的图形是一个整体。

A. 构造线　　　　　B. 直线　　　　　　C. 射线　　　　　　D. 多段线

4. 圆弧绘制以（　　）方向为正。

A. 顺时针　　　　　B. 逆时针　　　　　C. 90°　　　　　　　D. 180°

5. 可以对已有图形进行对称复制的是（　　）命令。

A. 偏移　　　　　　B. 镜像　　　　　　C. 修剪　　　　　　D. 圆角

二、问答题

1. 相对直角坐标和相对极坐标的主要区别是什么？

2. 定数等分的时候，等分点显示不出来应该如何处理？

3. 使用直线和多段线绘图时有何区别？

4. 分别描述【对象捕捉模式】各项设置分别在什么情况下使用？

三、绘图题

1. 运用相对坐标绘制如图 2-24 所示的不规则图形。

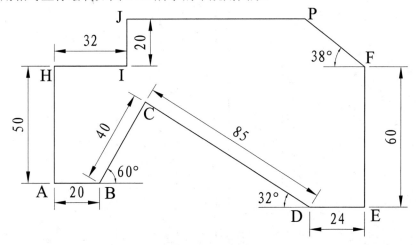

图 2-24　不规则圆形

2. 绘制如图 2-25 所示的门。

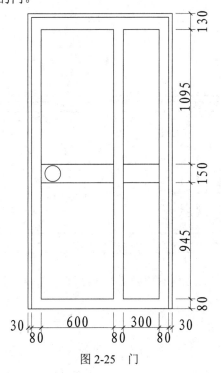

图 2-25　门

3. 绘制如图 2-26 所示的大小橱柜。提示：大橱柜可以通过小橱柜运用【拉伸】命令绘制。

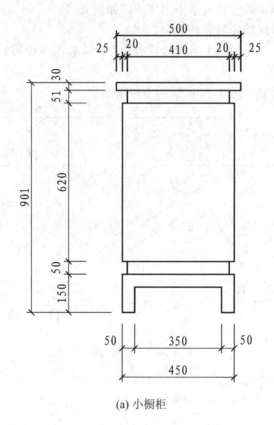

(a) 小橱柜

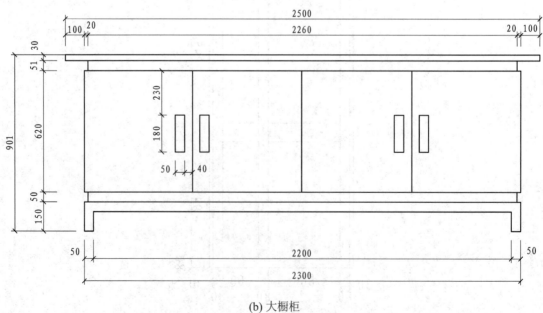

(b) 大橱柜

图 2-26　大小橱柜

4. 绘制如图 2-27 所示的沙发。

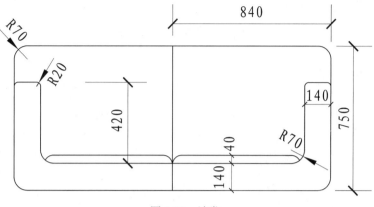

图 2-27　沙发

5. 绘制如图 2-28 所示的三角形内切圆。提示：运用【阵列】【参照缩放】等命令。

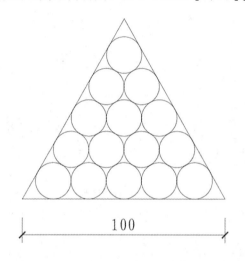

图 2-28　三角形内切圆

微课：拓展训练
绘制三角形内切圆

6. 绘制如图 2-29 所示的曲线图形，并计算图中阴影部分的面积 (结果保留整数)。

提示：

(1) 可以使用 "LI" 命令查询填充图案图形的面积，也可以使用 "AREA" 命令查询面积。

(2) 参考答案：8123。

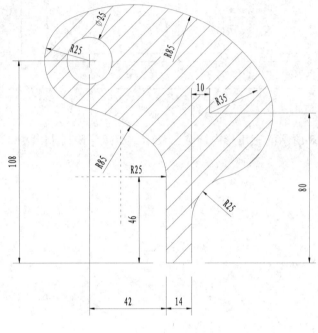

图 2-29 曲线图形

项目三　建筑平面图的绘制

 学习目标

 知识目标

- 了解建筑平面图的用途、形成和内容。
- 掌握《房屋建筑制图统一标准》中对应的绘图标准，掌握图层、图形界线、多线样式、文字样式、标注样式、属性定义、块等的设置和操作。
- 掌握建筑平面图的绘制流程、方法和技巧。

能力目标

- 能运用各类命令的快捷键快速绘制轴网、墙体、柱子、门窗、楼梯等基本构件并进行尺寸和文字标注。
- 能处理好各种绘图元素与《房屋建筑制图统一标准》的对应关系。

思政目标

- 培养规范制图的意识。
- 培养环保、质量和安全意识。
- 培养底线思维和红线意识。

　　建筑平面图主要用于表达房屋建筑的平面形状、房间布置、内外交通联系，以及墙、柱、门窗构配件的位置、尺寸、材料和做法等。本项目将从专业角度出发，通过典型的案例操作，逐步引导读者学习运用 AutoCAD 建筑绘图软件绘制专业化的建筑平面图。具体以绘制如图 3-1 所示的某居民楼的一层建筑平面图为例，在了解和掌握前面有关命令与快捷键的基础上，逐步引导读者进一步熟练掌握建筑平面图的绘制流程和绘制技巧。

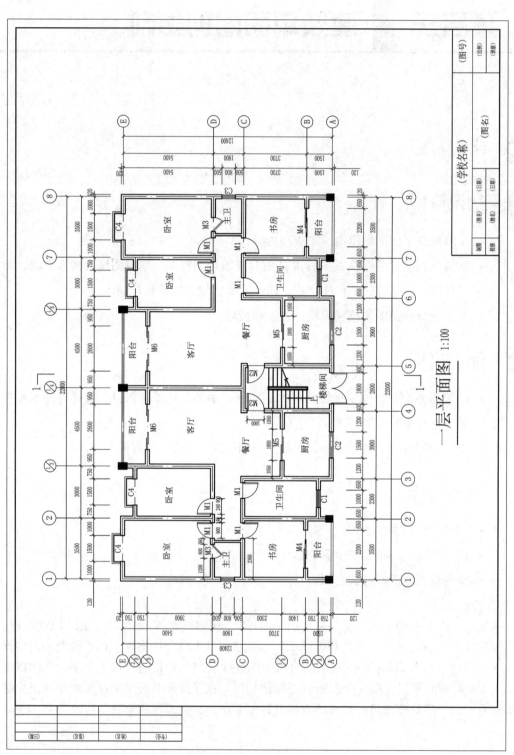

一层平面图 1:100

图3-1　某居民楼的一层建筑平面图

任务一 设置绘图环境

一、创建新图形文件

单击工具栏中【文件】菜单中的【新建】命令，弹出【选择样板】对话框，如图 3-2 所示，选择【acad】模板，单击【打开】按钮，进入 AutoCAD 绘图界面。

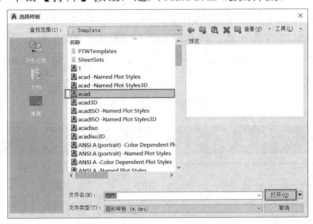

图 3-2 【选择样板】对话框

二、设置单位

单位命令 UN 主要用于设置绘图的单位和精度，具体设置长度的类型和精度、角度的类型和精度、角度的旋转方向等参数。

运行【单位】命令 UN，或单击【格式】菜单中的【单位】命令，在弹出的对话框中设置长度的类型为"小数"，精度为"0"，如图 3-3 所示。

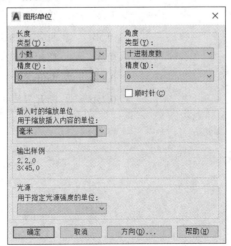

图 3-3 【图形单位】对话框

三、设置图层

为建筑施工图设置一些常用的图层，以及图层的颜色、线型、线宽等特性，可以很方便地通过图层的状态控制功能显示和管理复制图形，以方便对其进行观察和编辑。

(一) 设置图层的要求

1. 线型和线宽

任何工程图样都是采用不同的线型与线宽的图线绘制而成的，这样可使不同的内容层次分明。线宽设置就是改变线条的宽度。《房屋建筑制图统一标准》中，线宽一般有三种，即粗 (线宽 b)、中 (线宽 0.5b)、细 (线宽 0.25b)。在一张图纸内，相同比例的各图样应选用相同的线宽组。常见的线宽 b 值宜从 0.13 mm、0.18 mm、0.25 mm、0.35 mm、0.5 mm、0.7 mm、1.0 mm、1.4 mm 线宽系列中选取 (本项目平面图取 b 值为 0.5 mm)。 图线的线型和线宽可以参考表 3-1。

表 3-1   图线的线型和线宽及其用途

名称		线型	线宽	一般用途
实线	粗		b	主要可见轮廓线
	中粗		0.7b	可见轮廓线
	中		0.5b	可见轮廓线、尺寸线、变更云线
	细		0.25b	图例填充线、家具线
虚线	粗		b	见各有关专业制图标准
	中粗		0.7b	不可见轮廓线
	中		0.5b	不可见轮廓线、图例线
	细		0.25b	图例填充线、家具线
单点长画线	粗		b	见各有关专业制图标准
	中		0.5b	见各有关专业制图标准
	细		0.25b	中心线、对称线、轴线等
双点长画线	粗		b	见各有关专业制图标准
	中		0.5b	见各有关专业制图标准
	细		0.25b	假想轮廓线、成形前原始轮廓线
折断线	细		0.25b	断开界线
波浪线	细		0.25b	断开界线

微课：设置
线型和线宽

2. 颜色

一般选用索引颜色 1 ～ 9 号，即红、黄、绿、青、蓝、洋红、白、深灰、浅灰等。

3. 具体要求

(1) 线宽可以在图层中设置，也可以在打印样式中设置。如果在打印样式中设置，则在建立图层时线宽统一设为"默认"。

打印机大部分是按照线的颜色指定线宽的，具体操作为：单击【文件】菜单中的【打印】命令，弹出【打印 - 模型】对话框，设置"acad.ctb"为打印样式表，如图 3-4 所示。单击【打印样式表】选择框右边的【编辑】按钮，弹出【打印样式表编辑器】对话框，再按颜色设置线宽，如图 3-5 所示。

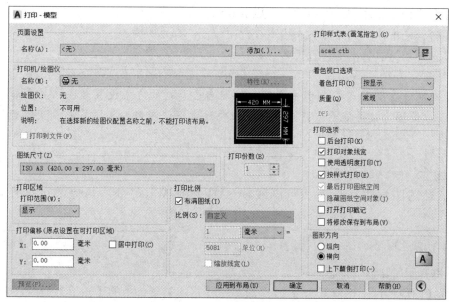

图 3-4　【打印 - 模型】对话框

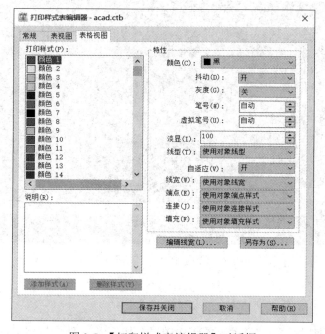

图 3-5　【打印样式表编辑器】对话框

(2) 常用图层的名称、颜色与线宽一般设置如下：

轴网：1 号 (红色)，线宽 0.13；

墙体：8 号 (深灰色)，线宽 0.50；

门窗：4 号 (青色)，线宽 0.25；

尺寸：3 号 (绿色)，线宽 0.25；

柱子：5 号 (蓝色)，线宽 0.50；

文字：7 号 (白色)，线宽 0.25；

阳台栏杆和楼梯：2 号 (黄色)，线宽 0.25；

图幅、图框：7 号 (白色)，线宽 0.13；

其他图层按具体需要进行设置。

【小贴士】设计者在制图中也可以按照自己喜欢的方式设置颜色，主要看个人习惯，以绘图方便并能看清楚为原则，但要注意保证图形的整体美观以及各颜色间的协调。

(3) 线型。

除了轴网图层线型设为长点画线 (ACAD_IS004W100) 外，其他都可以设置为默认实线。

(二) 建立图层

1. 打开图层特性管理器

运行【图层特性管理器】命令 LA，或单击【格式】菜单中的【图层】命令，打开【图层特性管理器】对话框，如图 3-6 所示。

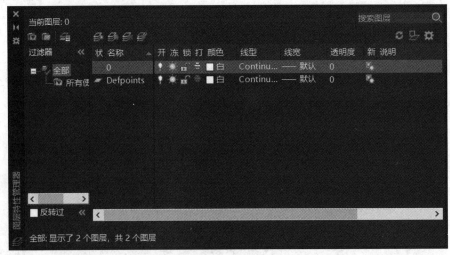

图 3-6 【图层特性管理器】对话框

2. 新建图层

新建图层的步骤如下：

(1) 单击【图层特性管理器】中的【新建图层】按钮，新图层将以临时名称"图层 1"

显示在图层列表中，如图 3-7 所示，在"图层 1"位置上输入"轴网"作为新图层的名称。

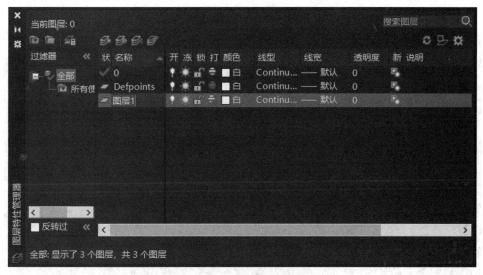

图 3-7　新建图层

(2) 在"轴网"图层上单击颜色图标，选择"索引颜色：1"(红色) 为图层颜色。

(3) 在"轴网"图层上单击线型图标，加载"长点画线型"。

(4) 在"轴网"图层上单击线宽图标，在弹出的【线框】对话框中选择线宽"0.13 mm"，如图 3-8 所示。

"轴网"图层设置完成。

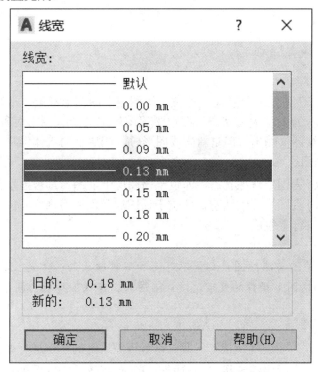

图 3-8　"轴网"图层线宽的设置

(5) 按照前面所述图层的名称、颜色、线型、线宽的设置要求建好其他图层，结果如图 3-9 所示。

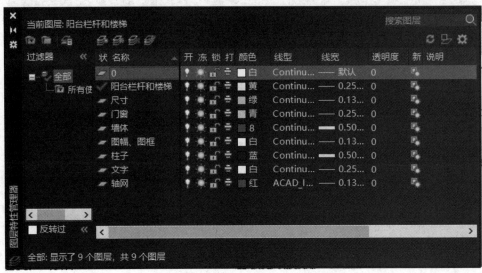

图 3-9   建好的图层

微课：建立图层

（三）图层的状态控制

1. 打开 / 关闭图层

（黄色图标）为图层打开状态，即位于该图层上的图形都被显示在屏幕上。

（青色图标）为图层关闭状态，即位于该图层上的所有图形对象将在屏幕上关闭，也不能被打印或由绘图仪输出，但重新生成图形时，图层上的实体仍将重新生成。

2. 解冻 / 冻结图层

（黄色图标）为图层解冻状态，即位于该图层上的图形都被显示在屏幕上。

（青色图标）为图层冻结状态，即位于该图层上的所有内容不能在屏幕上显示或由绘图仪输出，不能进行重生成。

【小贴士】关闭与冻结图层都是不可见和不可输出的，但是被冻结的图层不参与运算，可以加快图形操作的处理速度。绘图时，建议冻结长时间不看的图层。

3. 解锁 / 锁定图层

（黄色图标）为图层解锁状态，即可以对该图层上的图形进行编辑和操作。

（黄色图标）为图层锁定状态，即用户只能观察该层上的图形，不能对其编辑和修改，但该层上的图形仍可以显示和输出。

> 【小贴士】注意：当前图层不能冻结，但可以关闭，也可以锁定。

微课：应用图层

四、设置选项

选项设置的步骤如下：

(1) 运行【选项】命令OP，或单击【工具】菜单中的【选项】命令，打开【选项】对话框。

(2) 在【显示】选项卡中，设置十字光标大小、背景颜色与主题，如图3-10所示。

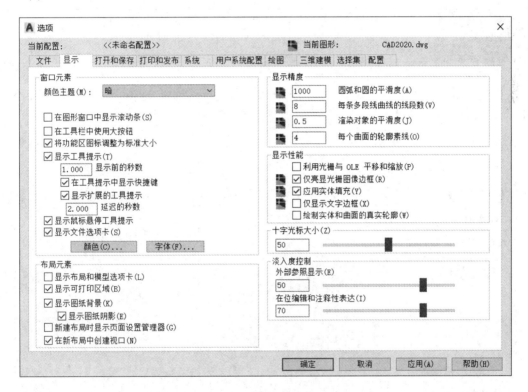

图 3-10　【显示】选项卡

(3) 在【选择集】选项卡中，设置拾取框大小和夹点大小。

(4) 在【打开和保存】选项卡中，设置自动保存间隔分钟数。

> 【小贴士】在【选项】对话框中，对十字光标大小、背景、拾取框和夹点大小等的设置没有强制要求，一般以个人习惯为准。

五、创建文字样式

(一) 房屋建筑制图统一标准

1. 文字

文字的高度即字高，字高系列有 3.5 mm、5 mm、7 mm、10 mm、14 mm、20 mm 等。

图样与说明中的汉字宜优先采用 True type 字体中的宋体字型，采用矢量字体时应为长仿宋体字型。同一图纸中的字体种类不应超过两种，文字的宽度与高度的关系应符合表 3-2 中的规定。

表 3-2　长仿宋体字高与字宽关系表

字高	3.5	5	7	10	14	20
字宽	2.5	3.5	5	7	10	14

2. 其他

图样与说明中的字母、数字，宜优先采用 True type 字体中的 Roman 字型，字高不应小于 2.5 mm。

(二) 创建文字样式

文字样式的创建步骤如下：

(1) 运行【文字样式】命令 ST，打开【文字样式】对话框，如图 3-11 所示。

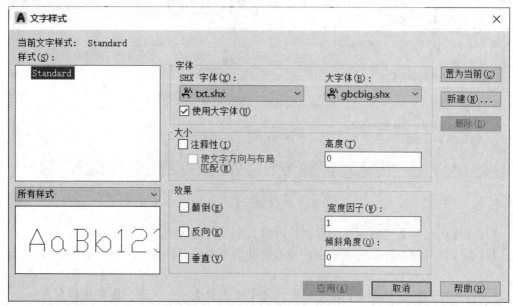

图 3-11　【文字样式】对话框

(2) 对系统默认样式名"Standard"进行字体名、宽度因子设置，具体设置如图 3-12 所示。

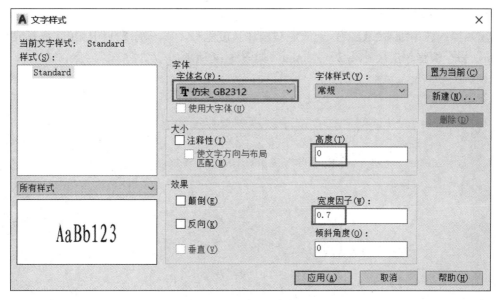

图 3-12　设置文字样式

【小贴士】当单位精度设为"0"时，框内宽度因子"0.7"会自动精确至"1"，但不影响文字效果。也可先设置文字样式，后设置单位精度。

微课：设置文字样式

六、创建标注样式

（一）房屋建筑制图统一标准

一个完整的尺寸标注应由尺寸界线、尺寸线、尺寸起止符号和尺寸数字组成，如图 3-13 所示。

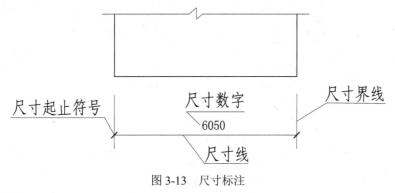

图 3-13　尺寸标注

1. 尺寸界线

尺寸界线应用细实线绘制，一般应与被注长度垂直，其一端离开图样轮廓线不应小于 2 mm，另一端宜超出尺寸线 2～3 mm，如图 3-14 所示。

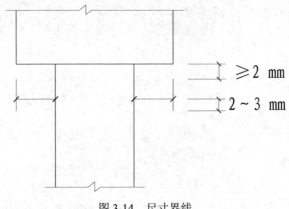

图 3-14　尺寸界线

2. 尺寸线

尺寸线应用细实线绘制，应与被注长度平行，两端宜以尺寸界线为边界，也可超出尺寸界线 2～3 mm。图样本身的任何图线均不得用作尺寸线。

3. 尺寸起止符号

尺寸起止符号用中粗斜短线绘制，其倾斜方向应与尺寸界线成顺时针 45° 角，长度宜为 2～3 mm。轴测图中用小圆点表示尺寸起止符号，小圆点直径为 1 mm。

4. 尺寸数字

(1) 图样上的尺寸应以尺寸数字为准，不应从图上直接量取。

(2) 图样上的尺寸单位，除标高与总平面以米为单位外，其他必须以毫米为单位。

(3) 尺寸数字的方向应按图 3-15 (a) 的规定注写。若尺寸数字在 30° 斜线区内，也可按图 3-15 (b) 的形式注写。

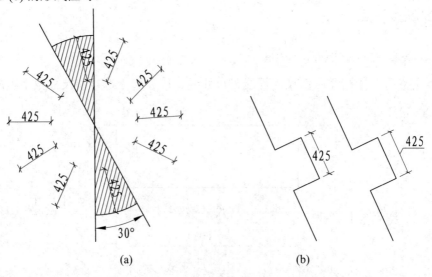

(a)　　　　　　　　　(b)

图 3-15　尺寸数字的注写方向

(4) 尺寸数字应依据其方向注写在靠近尺寸线的上方中部。如没有足够的注写位置，最外边的尺寸数字可注写在尺寸界线的外侧，中间相邻的尺寸数字可上下错开注写，可用引出线表示标注尺寸的位置，如图 3-16 所示。

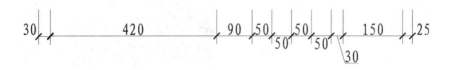

图 3-16　尺寸数字的注写位置

（二）创建标注样式

标注样式的创建步骤如下：

(1) 运行【标注样式管理器】命令 D，弹出如图 3-17 所示的对话框。

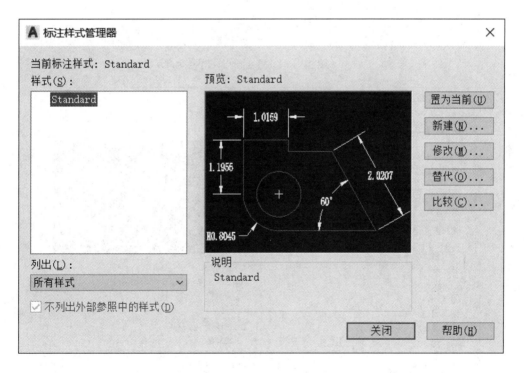

图 3-17　【标注样式管理器】对话框

(2) 新建名为"尺寸"的标注样式，【线】选项卡设置如图 3-18 所示，【符号和箭头】选项卡设置如图 3-19 所示，【文字】选项卡设置如图 3-20 所示，【调整】选项卡设置如图 3-21 所示，【主单位】选项卡设置如图 3-22 所示。

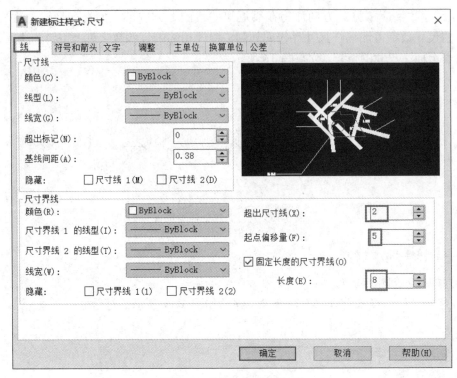

图 3-18 【线】选项卡设置

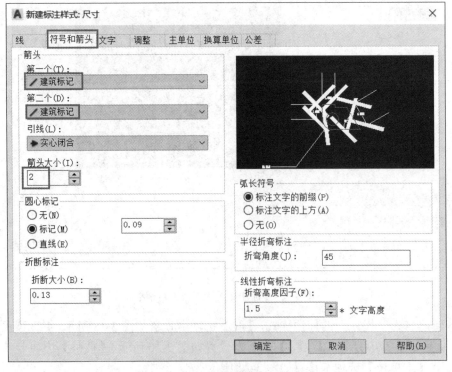

图 3-19 【符号和箭头】选项卡设置

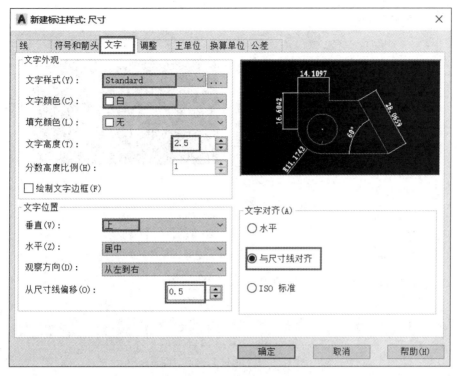

图 3-20 【文字】选项卡设置

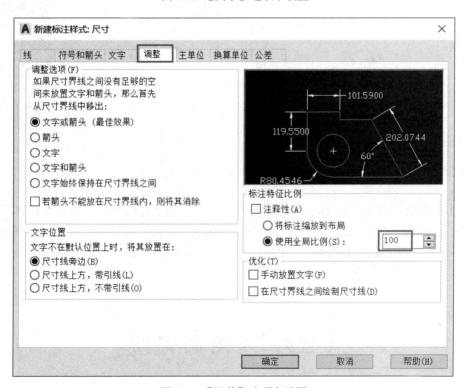

图 3-21 【调整】选项卡设置

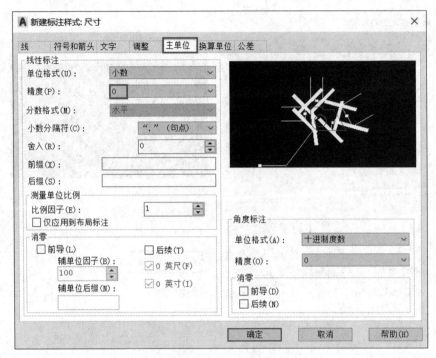

图 3-22 【主单位】选项卡设置

微课：创建尺寸
标注样式

七、保存

保存该图形文件，命名为"样板图 .dwt"，作为样板文件。

【小贴士】样板文件用于一定的绘图环境和专业参数的设置，用户在样板文件的基础上绘图，能够避免许多参数的重复性设置，大大节省了绘图时间，不但可以提高绘图效率，还可以使绘制的图形更符合标准规范的要求。

任务二　绘制轴网

墙体定位轴线网主要用于表达建筑物纵、横向墙体之间的结构位置关系，它是墙体定位的主要依据，是控制建筑物尺寸和模数的基本手段。

一、选择图层

将"轴网"图层设为当前图层，如图 3-23 所示。

图 3-23　显示当前图层——"轴网"

二、绘制轴线

轴线的绘制步骤如下：

(1) 运行【构造线】命令 XL，绘制横向和纵向两条正交轴线，如图 3-24 所示。

图 3-24　绘制横向和纵向两条正交轴线

(2) 运行【偏移】命令 O，绘制出其余各条轴线，然后对四周的多余线条进行必要的修剪。注意：开间与进深的尺寸与前面所示建筑平面图必须一致，完成后如图 3-25 所示。

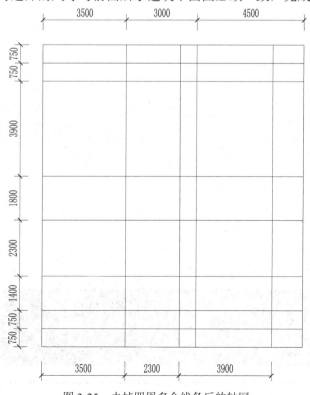

图 3-25　去掉四周多余线条后的轴网

微课：绘制轴网

【小贴士】该平面图具有左右对称的特殊性,因此可只画左半边,右半边通过【镜像】命令快速绘制完成。掌握一定的快速绘图技巧,可大大提高绘图速度。

三、编辑轴线

运行【修剪】命令 TR,修剪掉冗余的轴线,使各房间布局更加清晰明了,如图 3-26 所示。

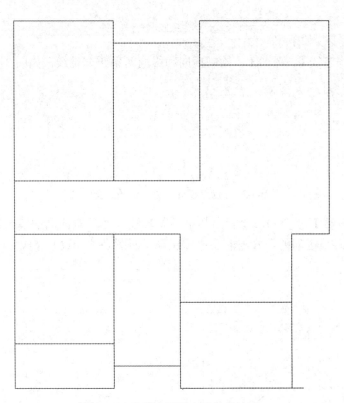

图 3-26　去掉中间冗余线条的轴网

四、调整线型比例因子

运行【设置线型比例】命令 LTS,设置线型比例因子为"100",如图 3-27 所示,线型比例更改后的轴网如图 3-28 所示。

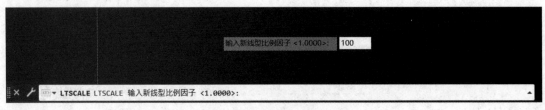

图 3-27　设置线型比例因子

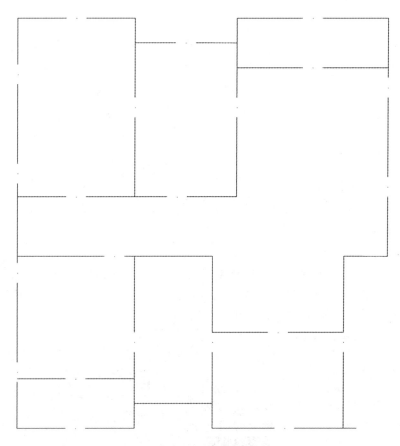

图 3-28　线型比例更改后的轴网

任务三　绘制柱子和墙体

微课：调整线型
比例因子

一、绘制柱子

（一）选择图层

将"柱子"图层设为当前图层，如图 3-29 所示。

图 3-29　显示"柱子"为当前图层

（二）绘制与填充柱子

1. 绘制柱子

运行【矩形】命令 REC，绘制 E 轴线上 400×550、A 轴线上 400×450 的矩形柱，如图 3-30 所示。

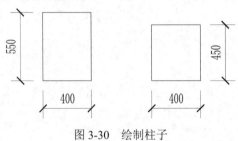

图 3-30 绘制柱子

2. 填充柱子

柱子的填充步骤如下：

(1) 运行【图案填充】命令 H，打开【图案填充和渐变色】对话框，在【图案填充】选项卡中的"图案"和"样例"分别显示当前图案的名称和形状。若当前图案不满足填充要求，则单击"图案"右边的按钮，如图 3-31 所示。

图 3-31 【图案填充和渐变色】对话框

(2) 在弹出的【填充图案选项板】对话框中选择其他图案，本项目的柱子填充应选择"SOLID"图案。在【其他预定义】里选择"SOLID"，如图 3-32 所示。

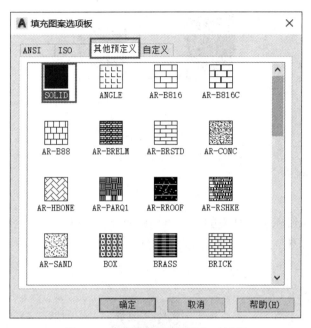

图 3-32 【填充图案选项板】对话框

单击【确定】按钮，返回【图案填充和渐变色】对话框，根据图纸实际情况调整"角度和比例"（"SOLID"图案是纯色，不需要设置，系统默认为灰色），单击右边的【添加：拾取点】按钮，如图 3-33 所示。

图 3-33 【图案填充和渐变色】对话框参数设置

拾取点在两矩形内的任意位置，拾取后单击【确定】按钮，填充命令完成，结果如图 3-34 所示。

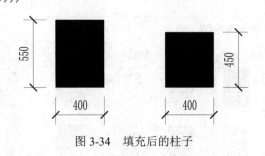

图 3-34　填充后的柱子

（三）插入柱子

1. 绘制辅助线

建立辅助线，找到柱子与轴线的对齐点。E 轴线上柱子对齐点为柱子的中心点，A 轴线上柱子对齐点为如图 3-35 所示的辅助线的交点。

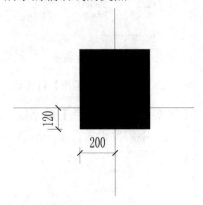

图 3-35　建立 A 轴线上柱子的辅助线

2. 插入柱子

运行【复制】命令 CO，将各柱子通过对齐点复制至轴网上的相应位置，如图 3-36 所示。

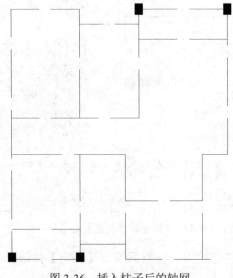

图 3-36　插入柱子后的轴网

二、绘制墙体

(一) 选择图层

将"墙体"图层设为当前图层，如图 3-37 所示。

图 3-37　显示"墙体"图层为当前图层

(二) 创建多线样式

多线样式的创建步骤如下：

(1) 运行【多线样式】命令 MLST，或单击【格式】菜单中的【多线样式】命令，打开【多线样式】对话框，如图 3-38 所示。

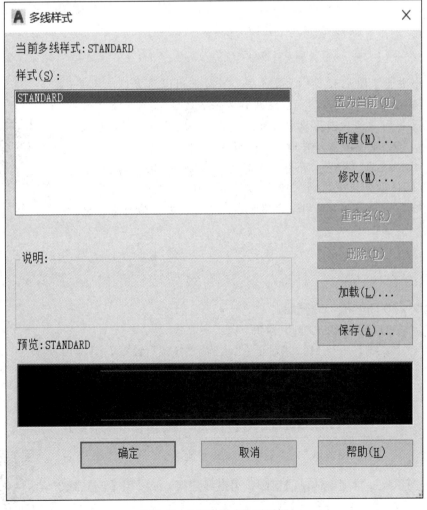

图 3-38　【多线样式】对话框

(2) 新建多线样式，命名为"Q"，各参数设置如图 3-39 所示。

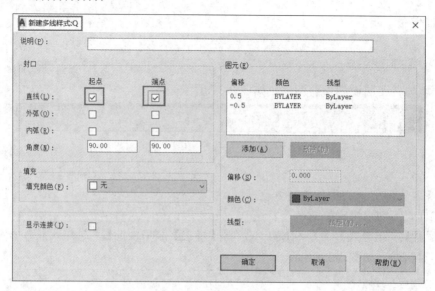

图 3-39　设置多线样式

【小贴士】图元有多种设置方法，一般采用以总偏移值为 1 和总偏移值为多线的实际宽度这两种方法。图 3-39 所示图元的设置为第一种方法，采用该方法时，切记在绘制多线时应调整相应比例，如绘制 240 厚墙体时，比例设为 "240"，绘制 120 厚墙体时，比例设为 "120"。而采用第二种方法绘制 240 厚墙体时，图元的偏移设置应依次为 "120" "60" "-60" "-120"，总偏移值刚好为墙厚 240，但采用该方法时，切记在绘制多线时应调整比例为 "1"。

微课：新建多线样式

（三）绘制墙体

1. 绘制 240 墙体和 120 隔墙

240 墙体和 120 隔墙的绘制步骤如下：

(1) 运行【多线】命令 ML，"对正""比例""样式"设置如图 3-40 所示。

> MLINE
> 当前设置：对正 = 无，比例 = 240.00，样式 = Q
>
> ▾ MLINE 指定起点或 [对正(J) 比例(S) 样式(ST)]：

图 3-40　设置【多线】命令参数

(2) 按图示尺寸绘制墙体，门窗洞口用直线连接（或采用【自】命令直接跳过）。

(3) 绘制隔墙的方法同上，除"比例"设置为 120 外，其他均与 240 墙体的绘制相同，最终的绘制结果如图 3-41 所示。

微课：运用【多线】命令绘制墙体

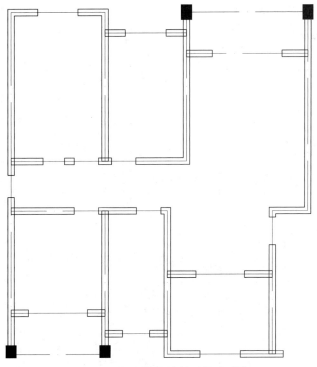

图 3-41　完成墙体绘制后的平面图

2. 编辑 240 墙体和 120 隔墙

双击多线墙体，在弹出的【多线编辑工具】对话框中选择"角点结合""T 形打开"工具编辑墙体，如图 3-42 所示。

图 3-42　【多线编辑工具】对话框

墙体编辑的结果如图 3-43 所示。

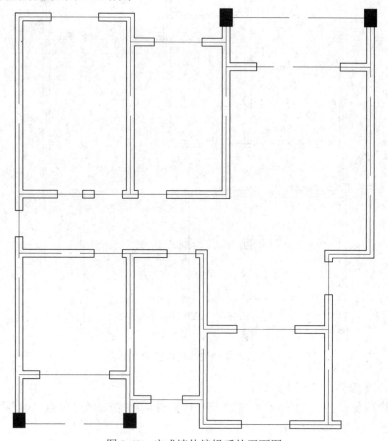

图 3-43　完成墙体编辑后的平面图

【小贴士】运用"T 形打开"工具编辑墙体时，应遵循多线的选择顺序，第一条多线应为 T 形的纵向线，而"角点结合"工具在选择多线时没有顺序。

微课：编辑墙体

任务四　绘制门窗

一、选择图层

将"门窗"图层设为当前图层，如图 3-44 所示。

图 3-44　显示当前图层"门窗"

二、绘制门

(一) 绘制 90° 和 45° 平开门

1. 绘制门

运行【矩形】命令 REC、【圆弧】命令 A、【修剪】命令 TR、【旋转】命令 RO 进行门的绘制，具体操作步骤略，结果如图 3-45 所示。

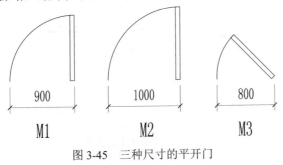

图 3-45　三种尺寸的平开门

微课：绘制不同
开启角度的平开门

2. 插入门

运行【镜像】命令 MI、【复制】命令 CO、【移动】命令 M，将上述所绘平开门插入至正确的位置，并删除门窗洞口连接线，如图 3-46 所示。

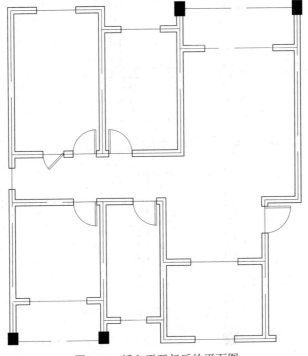

图 3-46　插入平开门后的平面图

(二)绘制推拉门

运行【矩形】命令 REC、【复制】命令 CO、【镜像】命令 MI,根据图 3-47 所示的推拉门尺寸绘制出相应的推拉门(两矩形交叠点为中点),并插入至正确位置。插入平面图后如图 3-48 所示。

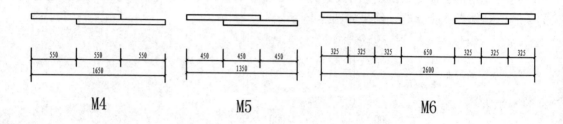

M4   M5   M6

图 3-47   三种尺寸的推拉门

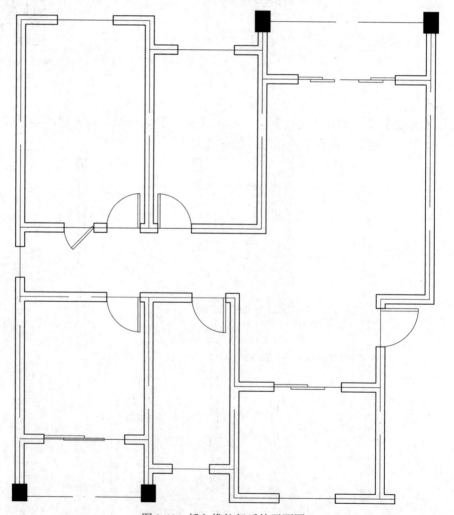

图 3-48   插入推拉门后的平面图

三、绘制窗

（一）绘制推拉窗

1. 创建多线样式

多线样式的创建步骤如下：

(1) 运行【多线样式】命令 MLST，或单击【格式】菜单中的【多线样式】命令，打开【多线样式】对话框，新建多线样式，命名为"C"。

(2) 在【图元】选项中点击【添加】按钮，添加新的偏移值，具体设置如图 3-49 所示。

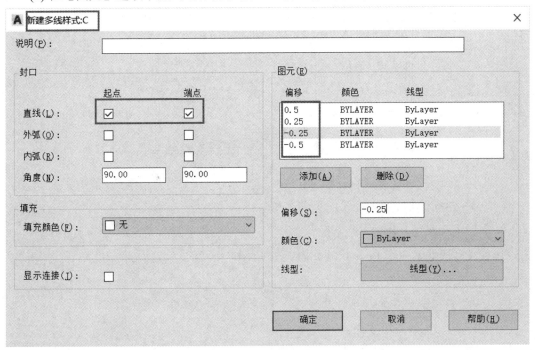

图 3-49 设置多线样式

2. 绘制推拉窗

运行【多线】命令 ML，参数设置如图 3-50 所示，绘制出各推拉窗，并删除窗洞口连接线，绘制结果如图 3-51 所示。

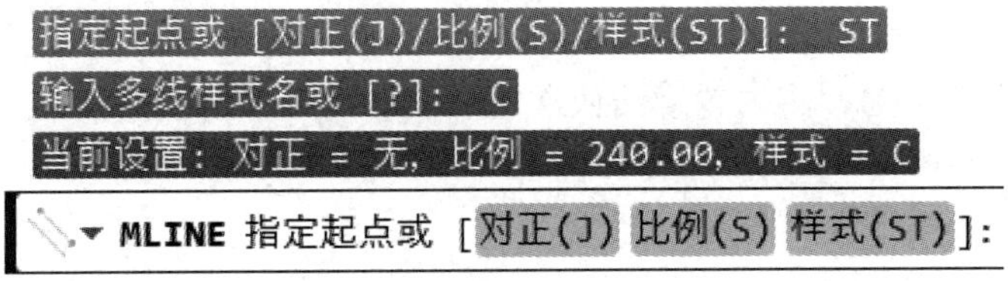

指定起点或 [对正(J)/比例(S)/样式(ST)]: ST
输入多线样式名或 [?]: C
当前设置: 对正 = 无, 比例 = 240.00, 样式 = C

✎ ▾ MLINE 指定起点或 [对正(J) 比例(S) 样式(ST)]:

图 3-50 设置【多线】命令各参数

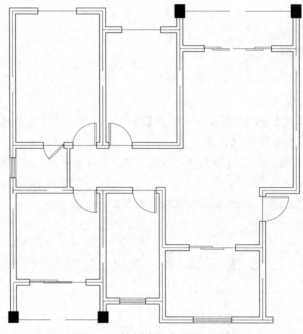

图 3-51　绘制推拉窗后的平面图

(二) 绘制凸窗

1. 绘制凸窗的内轮廓线

运行【多段线】命令 PL，尺寸如图 3-52 所示。

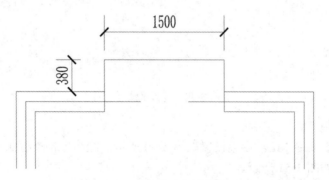

图 3-52　凸窗的内轮廓线尺寸

2. 偏移内轮廓线

运行【偏移】命令 O，将内轮廓线依次向外偏移 40、80，结果如图 3-53 所示。

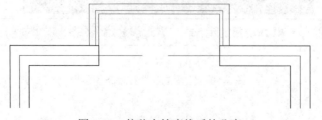

图 3-53　偏移内轮廓线后的凸窗

3. 绘制其他凸窗

按上述方法绘制其他凸窗，最终结果如图 3-54 所示。

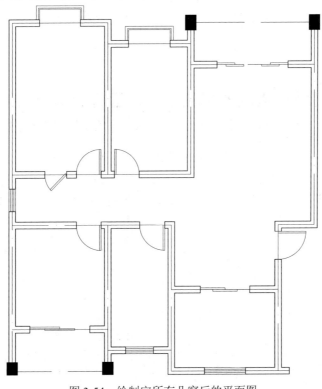

图 3-54 绘制完所有凸窗后的平面图

任务五 绘制阳台栏杆和楼梯

一、绘制阳台栏杆

（一）选择图层

将"阳台栏杆和楼梯"图层设为当前图层，如图 3-55 所示。

图 3-55 显示当前图层"阳台栏杆和楼梯"

（二）绘制阳台栏杆

运行【多线】命令 ML 绘制阳台栏杆。E 轴线阳台栏杆设置如图 3-56 所示，A 轴线阳台栏杆设置如图 3-57 所示，最后结果如图 3-58 所示。

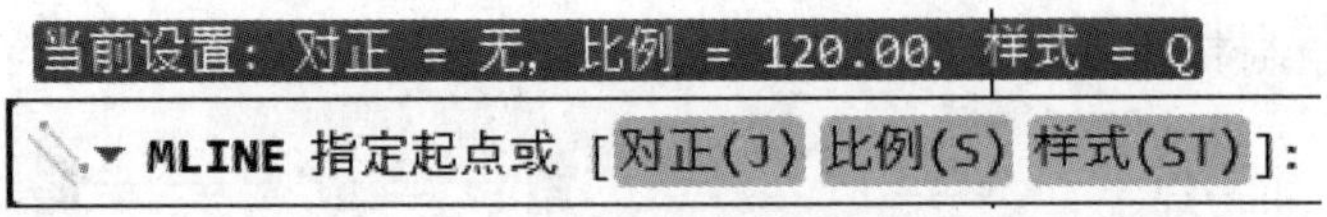

当前设置: 对正 = 无, 比例 = 120.00, 样式 = Q

MLINE 指定起点或 [对正(J) 比例(S) 样式(ST)]:

图 3-56　E 轴线阳台栏杆参数设置

当前设置: 对正 = 上, 比例 = 120.00, 样式 = Q

MLINE 指定起点或 [对正(J) 比例(S) 样式(ST)]:

图 3-57　A 轴线阳台栏杆参数设置

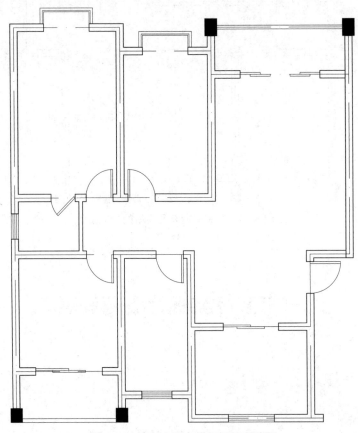

图 3-58　绘制完阳台栏杆后的平面图

二、绘制楼梯

（一）镜像左半边平面图

将图 3-58 所示图形以最右侧纵向轴线为镜像线进行镜像，镜像出右半边平面图，并对镜像轴线所在墙体进行必要的修剪和编辑，绘制结果如图 3-59 所示。

微课：镜像平面图

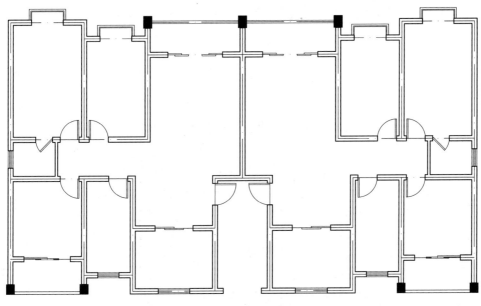

图 3-59　镜像后的平面图

（二）绘制楼梯

楼梯的绘制步骤如下：

(1) 运行【多段线】命令 PL，在图 3-59 所示平面图中用多段线沿楼梯周围墙的内侧绘制出楼梯的外轮廓线，并移出图外，如图 3-60 所示。

图 3-60　移出后的楼梯外轮廓线

(2) 运用项目二中介绍的平行双跑楼梯的绘制方法绘制图 3-61 所示的楼梯,具体步骤略。

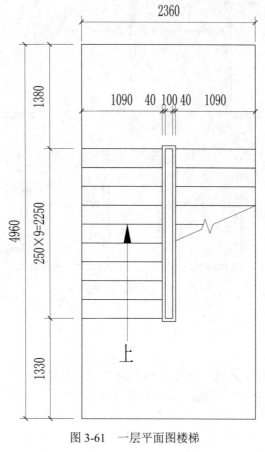

图 3-61 　一层平面图楼梯

【小贴士】绘制楼梯平面图时,必须熟读楼梯剖面图,严格按照剖面图中平台宽、踏步宽、踏步数等的尺寸精确绘制。

(3) 将楼梯移至平面图中正确位置,并删除楼梯轮廓线。

三、绘制楼梯门

将"门窗"图层设为当前图层,绘制如图 3-62 所示的入口大门,并插入至正确位置。

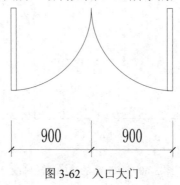

图 3-62 　入口大门

四、绘制剖切符号

（一）房屋建筑制图统一标准

剖切符号应由剖切位置线与剖视方向线组成，均应以粗实线绘制。剖切符号应符合下列规定：

(1) 剖切位置线的长度宜为 6 ～ 10 mm；剖视方向线应垂直于剖切位置线，长度应短于剖切位置线，宜为 4 ～ 6 mm，绘制的剖切符号不应与其他图线相接触。

(2) 剖切符号的编号宜采用粗阿拉伯数字，按剖切顺序由左至右、由下向上连续编排，应注写在剖视方向线的端部。

（二）绘制剖切线

剖切线的绘制步骤如下：

(1) 运行【多段线】命令 PL，线宽设为 50(粗实线，b=0.5 mm，绘图比例为 1 ∶ 100)，绘制如图 3-63 所示的剖切线。

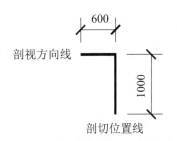

图 3-63　绘制剖切线标准

【小贴士】该建筑平面图采用了 1 ∶ 100 的绘图比例，虽然《房屋建筑制图统一标准》中规定剖切位置线宜为 6 ～ 10 mm，剖视方向线宜为 4 ～ 6 mm，但在实际 CAD 绘图环境中剖切位置线宜为 600 ～ 1000 mm，剖视方向线宜为 400 ～ 600 mm。

(2) 将上述绘制好的剖切符号以水平线为对称轴镜像，移动至正确位置，保证上下两剖切位置线位于同一垂直线上，并通过楼梯右半部分和楼梯大门，最后的绘制结果如图 3-64 所示。

微课：绘制剖切符号

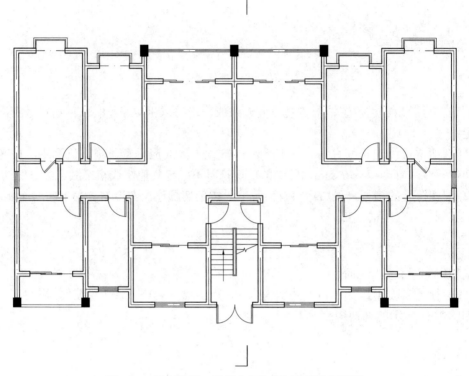

图 3-64　绘制楼梯、楼梯大门和剖切线后的平面图

任务六　标注建筑平面图

本任务将为建筑平面图注明各房间功能，标注平面图的外部尺寸、内部尺寸以及轴线编号等内容，使之成为一张完整的建筑施工平面图。

一、标注文字

（一）选择图层

将"文字"图层设为当前图层。

（二）标注文字

1. 标注房间名称

将工具栏中"Standard"文字样式设置为当前样式，如图 3-65 所示。

图 3-65　工具栏中置为当前样式的文字样式

运行【单行文字】命令 DT，在左半边房间合适位置单击起点，设置文字高度为"350"，旋转角度为"0"，设置参数如图 3-66 所示。在正交模式下输入各房间和门窗名称。

```
指定文字的起点 或 [对正(J)/样式(S)]:
指定高度 <350>:
指定文字的旋转角度 <0>:
A ▾ TEXT
```

图 3-66 单行文字设置参数

微课：输入单行文字　　微课：输入多行文字

运行【镜像】命令 MI，将左半边房间名字镜像至右半边平面图，结果如图 3-67 所示。

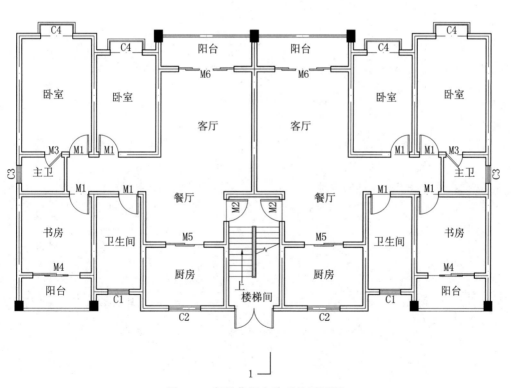

图 3-67 标注房间名称后的平面图

2. 标注图名与比例

比例宜注写在图名的右侧，字的基准线应取平；比例的字高比图名的字高小一号或二号。

运行【单行文本】命令 DT，设置文字高度为"700"，输入图名"一层平面图"；然后设置文字高度为"500"，输入比例"1：100"，在图名下面绘制一条粗实线，线宽设置为50，结果如图 3-68 所示。

一层平面图 1:100

图 3-68   标注图名与比例

二、标注尺寸

（一）选择图层

将"尺寸"图层设为当前图层。

（二）标注尺寸

平面图尺寸标注包括三道，即细部尺寸、轴间尺寸、总尺寸。

运行【线性标注】命令 DLI，标注第一道尺寸，然后运行【连续标注】命令 DCO，快速标注其他尺寸，如图 3-69 所示。

微课：标注尺寸

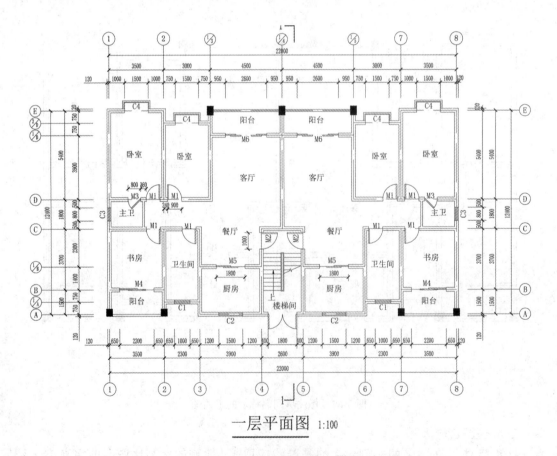

一层平面图 1:100

图 3-69   标注尺寸后的平面图

【小贴士】为了使标注的尺寸整齐美观，标注时应严格按照绘图标准进行，尺寸界线的一端应离开图样轮廓线足够距离，外部尺寸必须为三道，即细部尺寸、轴间尺寸、总尺寸，相互平行的尺寸线其间隔应保持一致。

三、标注轴线编号

（一）选择图层

将"尺寸"图层设为当前图层。

（二）标注轴线编号

1. 房屋建筑制图统一标准

(1) 房屋的主要承重构件（墙、梁、柱等），均用定位轴线确定基准位置，并进行编号。

(2) 定位轴线应用细单点长画线绘制。平面图上定位轴线的编号，宜标注在图样的下方或左侧。横向编号应用阿拉伯数字，从左至右按顺序编写；竖向编号应用大写英文字母，从下至上编写。编号应注写在轴线端部的圆内，圆应用细实线绘制，直径为 8～10 mm。

(3) 英文字母的 I、O、Z 不得用作轴线编号。

(4) 两根轴线之间的附加轴线，应以分母表示前一轴线的编号，分子表示附加轴线的编号，编号宜用阿拉伯数字按顺序编写。

例如，$\frac{1}{2}$　表示横向 2 轴线后的第一条附加定位轴线。

(5) 若在 1 号轴线或 A 号轴线之前附加轴线，则分母应以 01 或 0A 表示。

例如，$\frac{3}{0A}$ 表示纵向 A 轴线前的第三条附加定位轴。

(6) 一个详图使用几根定位轴线时，应同时注明各有关轴线的编号，如图 3-70 所示。

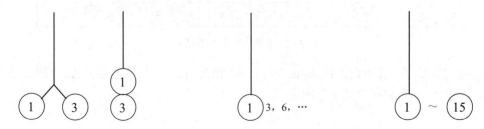

(a) 用于 2 根轴线时　　(b) 用于 3 根或 3 根以上轴线时　　(c) 用于 3 根以上连续编号的轴线时

图 3-70　定位轴线的编号

2. 标注编号

创建"轴线编号"图块，在图形中插入"轴线编号"时，用户可以输入每条轴线的编号。

1) 设置块的定义属性

运行【圆】命令 C，画一半径为 400 mm 的圆，以圆上象限点为起点绘制一根长为 1300 mm（此数值可根据实际调整）的纵向直线，如图 3-71 所示。

图 3-71 未标编号的轴编

运行【属性定义】命令 ATT，弹出【属性定义】对话框，在对话框中设置相关选项，如图 3-72 所示。

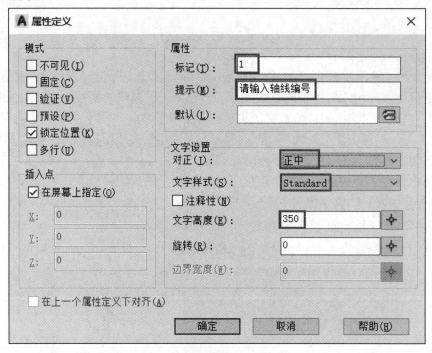

图 3-72 【属性定义】对话框

设置完成后，单击【确定】按钮，命令行提示"指定起点："，拾取圆的圆心，效果如图 3-73 所示。这里将"1"放在"文字"图层中。

图 3-73 定义好属性的轴编

2) 创建块

运行【创建块】命令 B，弹出【块定义】对话框，对【名称】【选择对象】【拾取点】进行设置，如图 3-74 所示。

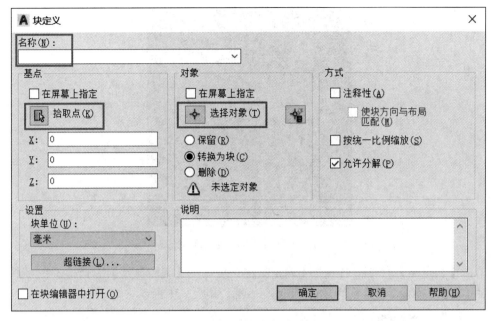

图 3-74 【块定义】对话框

在【名称】选项中输入"横向轴编",如图 3-75 所示。

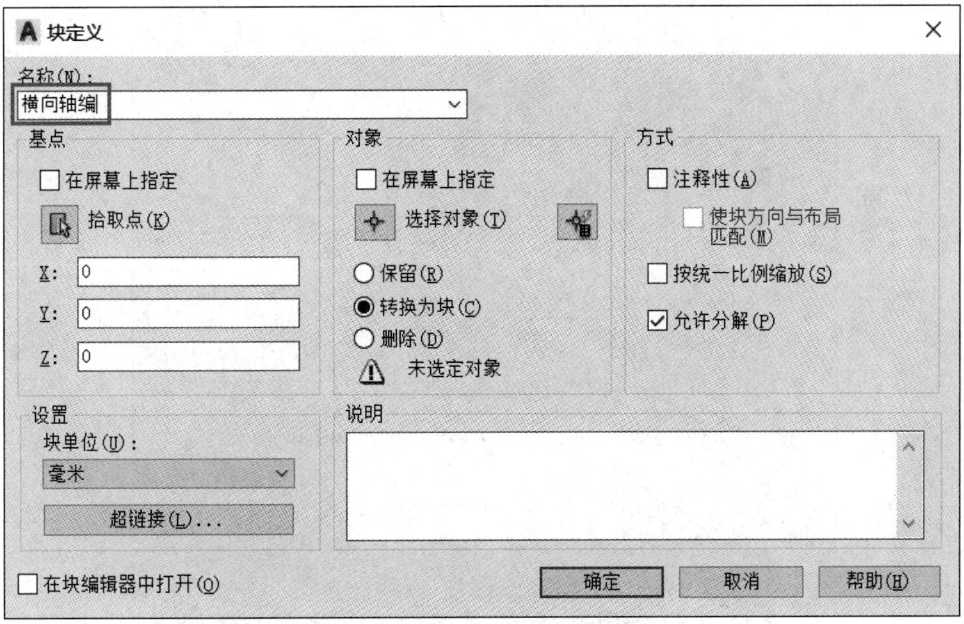

图 3-75 【块定义】名称设置

单击【选择对象】按钮,框选图 3-73 所示的图形,确定后返回【块定义】对话框。

单击【拾取点】按钮,插入基点设置为块图形中垂直线的上端点,如图 3-76 所示,单击插入基点后重新返回【块定义】对话框。

图 3-76 "拾取点"基点选择

单击【块定义】对话框右下方【确定】按钮后弹出【编辑属性】对话框，在"请输入横向轴编"右侧输入"1"后单击【确定】按钮，如图 3-77 所示。

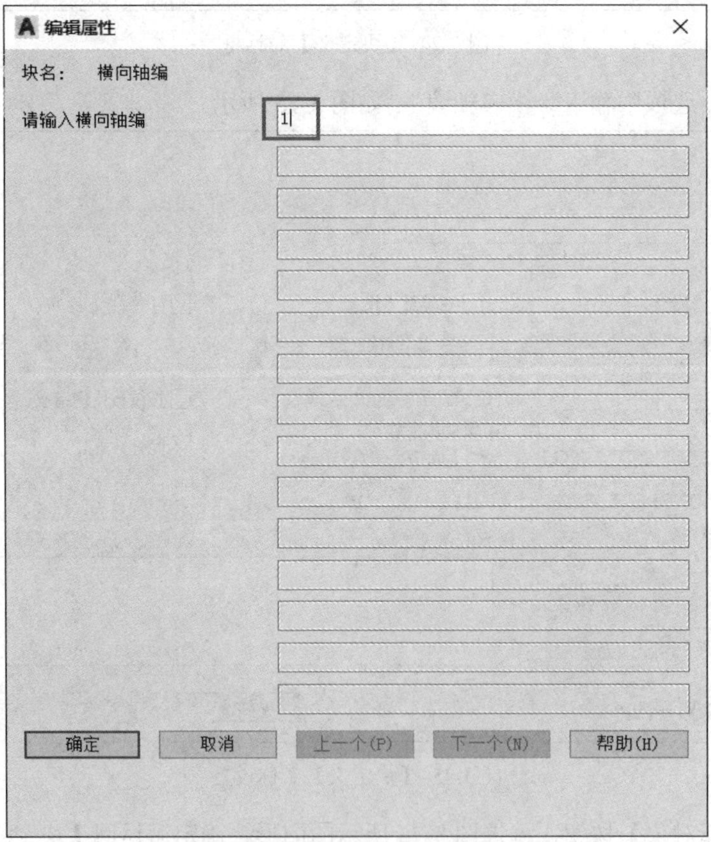

A 编辑属性	×
块名： 横向轴编	
请输入横向轴编 1	

| 确定 | 取消 | 上一个(P) | 下一个(N) | 帮助(H) |

图 3-77 【编辑属性】对话框

3) 插入块

运行【插入块】命令 I，弹出如图 3-78 所示的对话框，单击名为"横向轴编"的块，命令行提示"指定插入点或"，拾取轴线标注所在的尺寸界线的下端点，如图 3-79 所示。

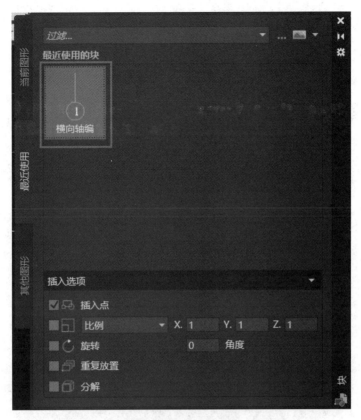

图 3-78 【块】对话框

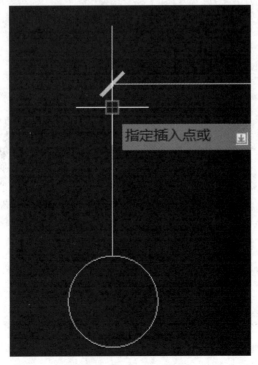

图 3-79 拾取"块"插入点

在弹出的如图 3-80 所示的输入框中输入"1"后单击【确定】按钮，即完成 1 号轴编
的标注。

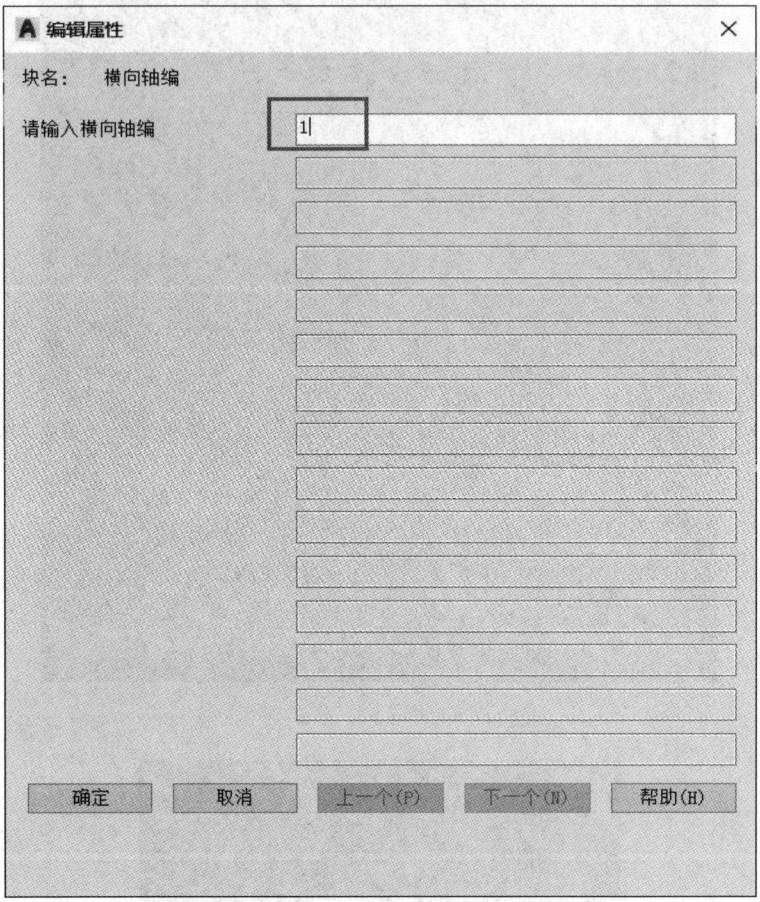

A 编辑属性   ×

块名： 横向轴编

请输入横向轴编   1|

| 确定 | 取消 | 上一个(P) | 下一个(N) | 帮助(H) |

图 3-80　插入轴编提示

微课：常规法
标注轴线编号

微课：运用块
标注轴线编号

其他轴线标注类同，结果如图 3-81 所示。

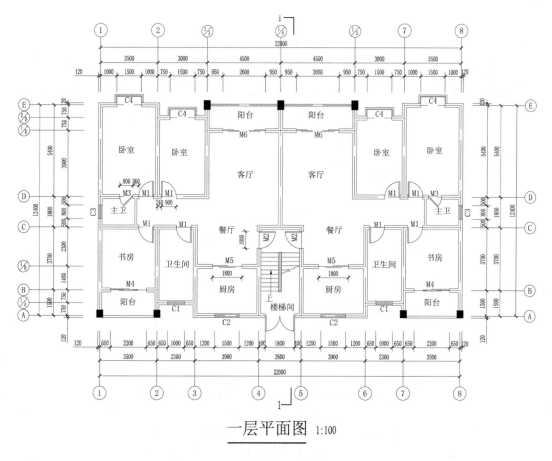

一层平面图 1:100

图 3-81 标注轴编后的平面图

任务七 绘制图幅、图框、标题栏和会签栏

一、绘制图幅和图框

在绘制建筑图时，应根据图面大小和比例要求，采用不同的图幅。图纸的幅面是指图纸尺寸规格的大小，图框是指图纸上绘图范围的界线。

（一）房屋建筑制图统一标准

《房屋建筑制图统一标准》规定的图幅有 A0、A1、A2、A3、A4 五种规格，其对应的图框尺寸见表 3-3。根据图框尺寸绘制标准图框，图幅尺寸与图框尺寸之间的关系如图 3-82 所示。

表 3-3　幅面及图框尺寸

尺寸代号	幅面代号				
	A0	A1	A2	A3	A4
b×1	841×1189	594×841	420×594	297×420	210×297
c	10			5	
a	25				

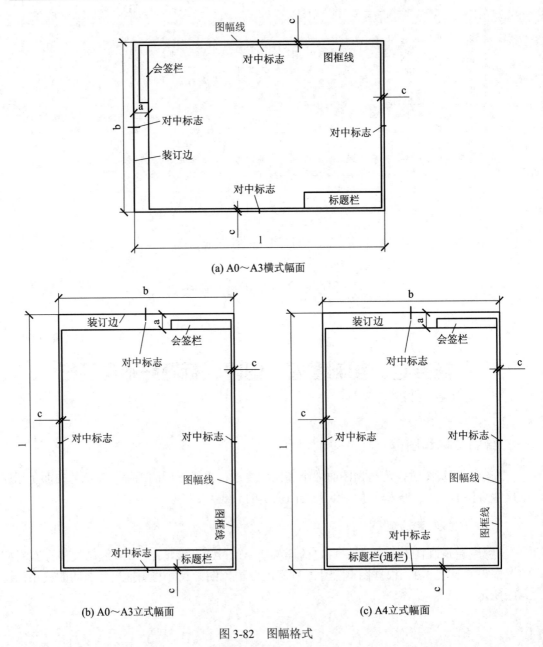

(a) A0～A3横式幅面

(b) A0～A3立式幅面　　　(c) A4立式幅面

图 3-82　图幅格式

当图幅较长、标准图幅幅面不够时，图幅长边(l边)可以加长，但图幅短边一般不应加长。加长尺寸根据图纸长度及图幅规格，可按1/8、1/4、1/2、3/4、1 等比例进行加长。例如，标准A2图纸的图幅尺寸为420 mm × 594 mm，加长一半的尺寸是420 mm × 891 mm。

（二）绘制图幅、图框

《房屋建筑制图统一标准》中规定图幅线应用细实线，而图框线应用粗实线。

微课：绘制图幅

1. 绘制图幅

将"图幅""图框"图层设为当前图层。运行【矩形】命令 REC，绘制一矩形，左下角点为任意点，右上角点设为 (@42000，29700)。

2. 绘制图框

图框的绘制步骤如下：

(1) 运行【偏移】命令 O，将图幅根据标准规格往里偏移 500 mm，得到图框。

微课：运用【拉伸】命令绘制图框

(2) 运行【拉伸】命令 S，从右往左选择图框左半边，基点为左侧线的中点，水平往右拉伸 2000 后点击【确定】按钮，具体操作界面如图 3-83 所示。

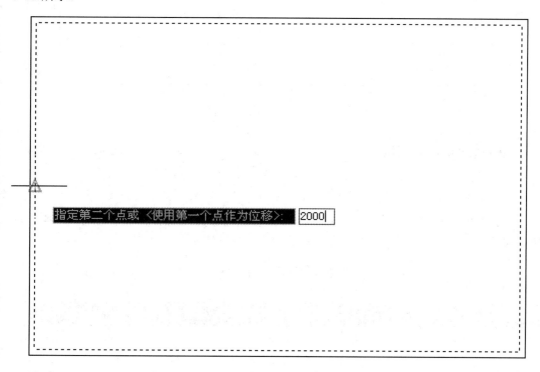

指定第二个点或 《使用第一个点作为位移》: 2000

图 3-83 "拉伸"操作界面

(3) 运行【矩形】命令 REC，调出宽度 (W) 参数，设置为 50，如图 3-84 所示。绘制出线宽为 50 的矩形，矩形的左下角点和右上角点与图框保持一致，结果如图 3-85 所示。

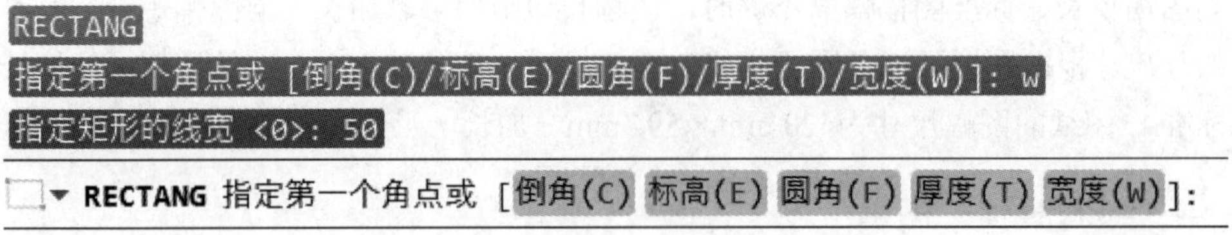

RECTANG
指定第一个角点或 [倒角(C)/标高(E)/圆角(F)/厚度(T)/宽度(W)]: w
指定矩形的线宽 <0>: 50

▢ ▼ RECTANG 指定第一个角点或 [倒角(C) 标高(E) 圆角(F) 厚度(T) 宽度(W)]:

图 3-84　矩形宽度设置

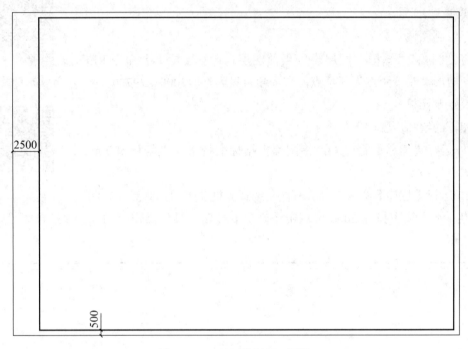

图 3-85　设置好的图幅、图框

二、绘制标题栏和会签栏

（一）房屋建筑制图统一标准

《房屋建筑制图统一标准》规定，标题栏外框线和标题栏分格线应符合表 3-4 的规定要求。

表 3-4　标题栏线的宽度

幅面代号	标题栏外框线	标题栏分格线
A0、A1	0.5b	0.25b
A2、A3、A4	0.7b	0.35b

（二）绘制标题栏

图纸的标题栏的大小与格式如图 3-86 所示，将"Standard"文字样式置为当前样式。

输入文字时，文字高度设置情况如下：学校名称文字高度设置为"500"，图名、图号文字高度设置为"350"，其他文字高度设置为"250"。

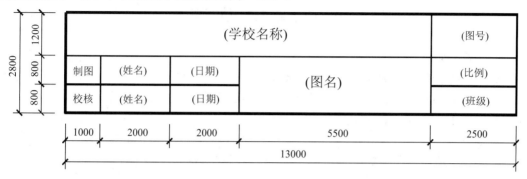

图 3-86 标题栏

（三）绘制会签栏

图纸会签栏的大小与格式如图 3-87 所示，字体高度设置为"250"。

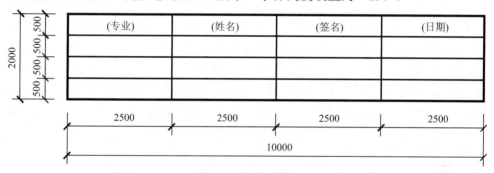

图 3-87 会签栏

运行【旋转】命令 RO，将基点定位为会签栏左下角点，打开"正交"模式逆时针旋转 90°。

将绘制好的标题栏和会签栏插入至正确位置，最终结果如图 3-1 所示。将此文件另存为"建筑施工图 .dwt"。

 项目小结

本项目介绍了绘制建筑平面图的基本流程和步骤，结合《房屋建筑制图统一标准》详细地讲解了平面图中轴网、柱子、墙体、门窗、阳台栏杆、楼梯等部件的绘制过程和技巧，包括墙体绘制和编辑、块创建和插入、属性定义、快速标注等操作。

绘图时，要求读者注意的是：

(1) 设置图层时，线宽的设置必须满足国家制图标准。

(2) 对轴编要定义属性，并创建块。

(3) 标注尺寸时，标注样式的设置必须符合国家制图标准。

(4) 绘图中尽量利用命令的快捷键，以提高绘图速度。

同步测试

一、选择题

1. 当前图层(　　)被关闭,(　　)被冻结。

A. 不能,可以　　　　B. 不能,不能　　　　C. 可以,可以　　　　D. 可以,不能

2. (　　)的名称不能被修改或删除。

A. 标准层　　　　B. 0 层　　　　C. 未命名的层　　　　D. 缺省的层

3. 在创建块时,在【块定义】对话框中必须确定的要素为(　　)。

A. 块名、基点、对象　　　　　　B. 块名、基点、属性

C. 基点、对象、属性　　　　　　D. 块名、基点、对象、属性

4. 在新建平面图中的墙体和尺寸图层时,相对应的线宽设置应为(　　)

A. b、0.5b　　　　　　　　　　B. b、0.25b

C. 0.5b、0.25b　　　　　　　　D. 0.5b、0.5b

5. 用多线命令绘制墙体,在设置多线样式时,设置的图元偏移值应依次为(　　)。

A. 0.5,−0.5　　　　　　　　　B. 0.5,0,−0.5

C. 0.5,0.25,−0.25　　　　　　D. 0.5,0.25

6. 用多线编辑工具编辑墙体时,在选择墙体上没有先后顺序的工具是(　　)。

A. T 形打开　　　　　　　　　B. T 形打开和角点结合

C. T 形合并　　　　　　　　　D. 角点结合

7. 图案填充操作中(　　)。

A. 只能单击填充区域中任意一点来确定填充区域

B. 所有的填充样式都可以调整比例和角度

C. 图案填充可以和原来轮廓关联或者不关联

D. 图案填充只能一次生成,不可以编辑修改

8. 在定义块属性时,要使属性为定值,可选择(　　)模式。

A. 不可见　　　　B. 验证　　　　C. 固定　　　　　　D. 预置

9. 要在一个线性标注数值前面添加正负符号,应用(　　)命令。

A. %%C　　　　B. %%P　　　　C. %%D　　　　　　D. %%%

二、问答题

1. 图纸幅面有几种规格?标题栏、会签栏画在图纸的什么位置?

2. 什么是图层?设置图层有什么好处?

3. 块主要有哪些作用?创建一个带属性的块的步骤是什么?

4.《房屋建筑制图统一标准》对尺寸标注操作具体有哪些要求?

项目四 建筑立面图的绘制

 学习目标

 知识目标

- 了解建筑立面图的用途、形成和内容。
- 掌握《房屋建筑制图统一标准》中的绘图标准与立面图中各种元素的表示方法。
- 掌握建筑立面图的绘制流程、绘制方法和绘制技巧。

 能力目标

- 能应用各类命令的快捷键快速绘制出立面框架、立面门窗、阳台等元素,并进行尺寸和文字标注。
- 能使绘制好的图形元素完全满足《房屋建筑制图统一标准》的要求。

 思政目标

- 培养规范和创新意识。
- 培养环保和节能意识。

　　建筑立面图主要用于表达房屋建筑的外形、外墙面装饰材料与颜色,是建筑物施工中进行高度控制的依据。房屋有多个立面,通常把反映房屋的主要出入口与反映房屋外貌主要特征的立面图称为正立面图,其余的立面图相应地称为背立面图和侧立面图。本项目以绘制如图 4-1 所示的某居民楼建筑正立面图为例,学习建筑立面图的绘制方法和具体的绘制技巧。

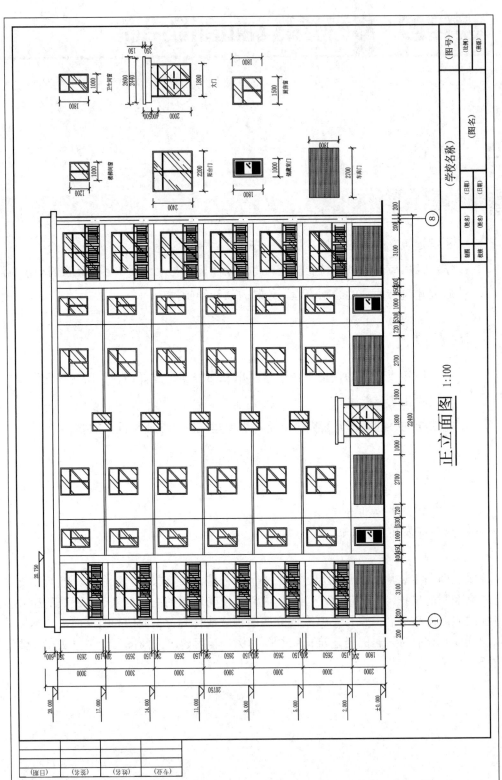

正立面图 1:100

图 4-1 某居民楼正立面图

任务一 绘制立面框架线

组成立面图的主要框架线有立面墙体轮廓线、立面门窗外轮廓线。

一、定位轴线、立面墙体轮廓线、立面门窗外轮廓线

打开项目三中的"建筑施工图.dwt"文件。

(1) 新建图层，命名为"轮廓线"，颜色为白色，线型为实线，线宽为 0.13 mm。

(2) 运行【构造线】命令 XL，分别在"轴网"图层下、"墙体"图层下、"门窗"图层下、"柱子"图层下，根据平面图定位出①号和⑧号轴线、立面墙体轮廓线、立面门窗外轮廓线和柱子轮廓线，如图 4-2 所示。

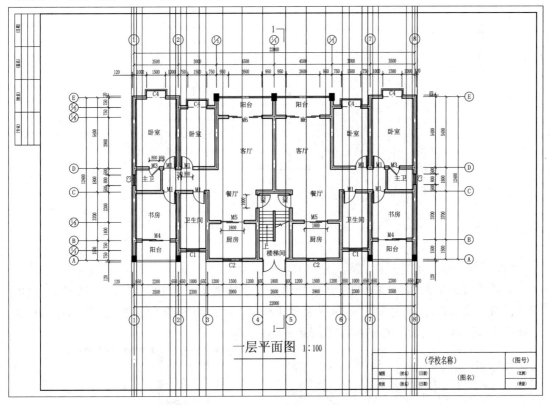

图 4-2 轴线、立面墙体轮廓线、立面门窗外轮廓线的定位

此时，轴线为红色，门窗外轮廓线为青色，立面墙体轮廓线为灰色，柱子轮廓线为蓝色。

【小贴士】在不同的图层下定位框架线，可以使各种框架线具有不同颜色，这样确保后面的操作不会造成线条混淆，提高绘图速度。

二、编辑轴线、立面墙体轮廓线、立面门窗外轮廓线

(一) 移出框架线

运行【移动】命令 M，将前述绘制的框架线移出平面图。

(二) 绘制地坪线

地坪线为立面图形中的特粗实线，在"轮廓线"图层下运行【多段线】命令 PL，设置线宽为 100，在适当位置绘制出地坪线，如图 4-3 所示。

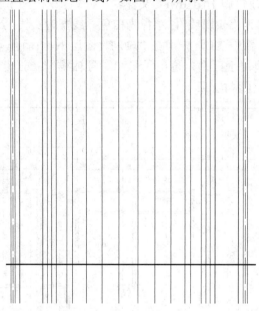

图 4-3　特粗地坪线的绘制

(三) 绘制立面四周轮廓线

外轮廓线为立面图形中的粗实线，同样用【多段线】命令 PL 绘制，设置线宽为 50，根据建筑总高 (20.75 m) 绘制立面四周轮廓线和女儿墙凸出外墙的轮廓线，最后修剪掉超出外轮廓线的多余线条，如图 4-4、图 4-5 所示。

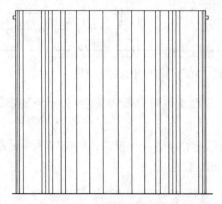

图 4-4　绘制立面四周轮廓线后的立面图

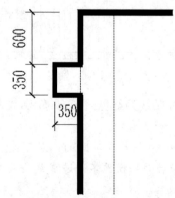

图 4-5　女儿墙凸出外墙的轮廓线

（四）绘制内轮廓线

内轮廓线为除立面四周轮廓线以外的立面墙体、柱子的可视线，在立面图中以中实线表示。运行【多段线】命令 PL，设置线宽为 25，沿着框架定位线中颜色为灰色和蓝色的线条绘制，并用相同设置的【多段线】命令将女儿墙凸出外墙的轮廓线进行连接，修剪掉多余线条，关闭"门窗"图层后的效果如图 4-6 所示。

图 4-6　绘制内轮廓线后的立面图 (关闭"门窗"图层)

任务二　绘制立面门窗

一、绘制门窗

将"门窗"图层设为当前图层。根据图 4-7 所示尺寸依次绘制出楼梯间窗、卫生间窗、厨房窗、储藏室门、阳台门、大门、车库门等。

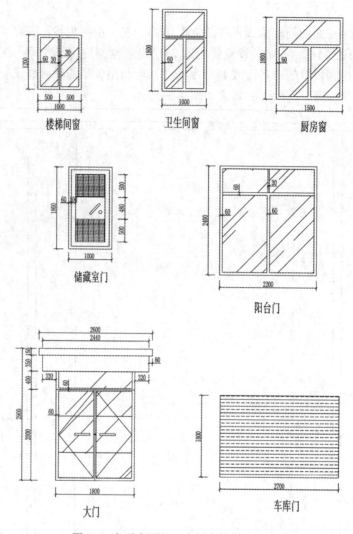

图 4-7　各种立面门、立面窗的样式及尺寸

微课：绘制门窗

二、插入门窗

（一）插入一层门窗

1. 绘制一楼楼层线

在"轮廓线"图层下，沿地坪线绘制一条细实直线，并将其向上偏移 2000，即为一楼楼层线，如图 4-8 所示。

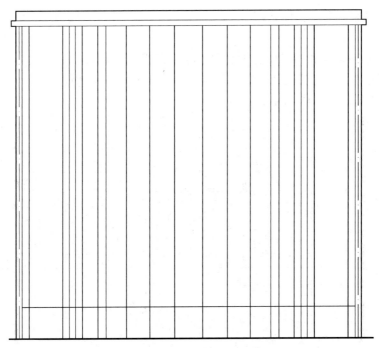

图 4-8　绘制一楼楼层线后的立面图

2. 插入卫生间窗和厨房窗

将图 4-8 所示的楼层线向上偏移 900，得到窗台标高线，并将绘制好的卫生间窗和厨房窗插入至正确的位置，如图 4-9 所示。

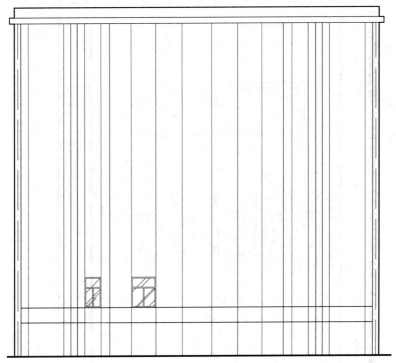

图 4-9　插入卫生间窗和厨房窗后的立面图

3. 绘制阳台栏杆和插入阳台门

1) 绘制阳台栏杆

将层高线分别向上和向下偏移 150 和 200，得到阳台栏板轮廓线，然后绘制一总高为 900 的阳台栏杆 (阳台内部栏杆之间的间距大约为 100，栏杆宽自行定义，这里不作详细规定)。具体样式如图 4-10 所示。

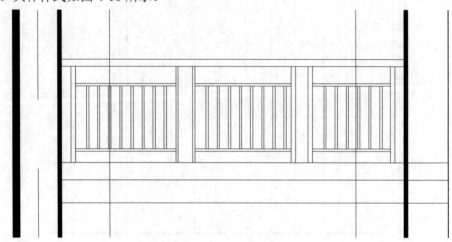

图 4-10　绘制好的阳台栏杆

2) 插入阳台门

将绘制好的阳台门插入至正确的位置 (注：阳台门下底边与一楼楼层线平齐)，并修剪掉被阳台栏板遮住的部分，删除阳台门定位线，去掉阳台间楼层线，结果如图 4-11 所示。

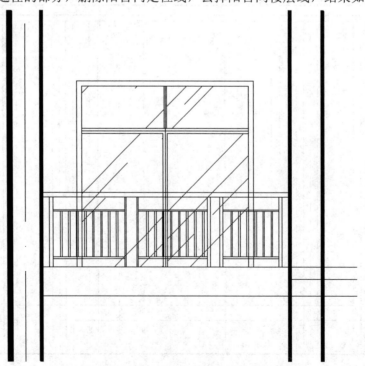

图 4-11　插入阳台门

4. 插入楼梯间窗

楼梯间窗位于两楼层的中间位置,其窗台标高线距下面楼板标高线2500 mm,运行【偏移】命令O,将图4-8所示的层高线向上偏移2500,然后将绘制好的楼梯间窗插入至正确位置,删除一楼卫生间窗定位线、厨房窗定位线和窗台标高线,结果如图4-12所示。

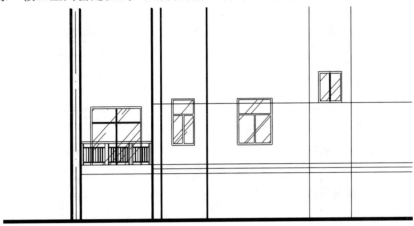

图4-12 插入楼梯间窗

(二)插入二至六层门窗

二至六层门窗的插入步骤如下:

(1)运行【阵列】命令AR,选择对象为绘制好的阳台栏杆(包括栏板)、阳台门、卫生间窗和厨房窗,确定后选择矩形阵列(R),列数(COL)设置为1,指定列数之间的距离为1,行数(R)设置为6,指定行数之间的距离为3000,指定行数之间的标高增量为0,结果如图4-13所示。

图4-13 阵列后的立面图

(2) 运行【镜像】命令 MI，以楼梯间窗户的垂直中心线为镜像线，以图 4-13 中的所有阳台栏杆、阳台门、卫生间窗和厨房窗为选择对象，镜像出右半边门窗。运行【分解】命令 X，选择镜像后的右半边门窗，图案填充角度和左半边一致。结果如图 4-14 所示。

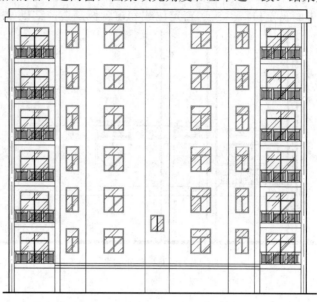

图 4-14　镜像并分解后的立面图

(3) 将层高线向上偏移 3000，继续将偏移得到的直线向下偏移 100，得到层间轮廓线，修剪掉与楼梯间窗重合部分的层间轮廓线。

(4) 运行【阵列】命令 AR，以楼梯间窗和层间轮廓线为选择对象，确定后选择矩形阵列 (R)，列数 (COL) 设置为 1，指定列数之间的距离为 1，行数 (R) 设置为 5，指定行数之间的距离为 3000，指定行数之间的标高增量为 0，结果如图 4-15 所示。

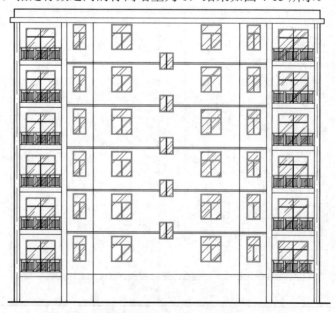

图 4-15　阵列楼梯间窗和层间轮廓线后的立面图

（三）插入车库层门窗

将绘制好的车库门、储藏室门和大门插入至正确位置，并镜像出右半部分，结果如图 4-16 所示。

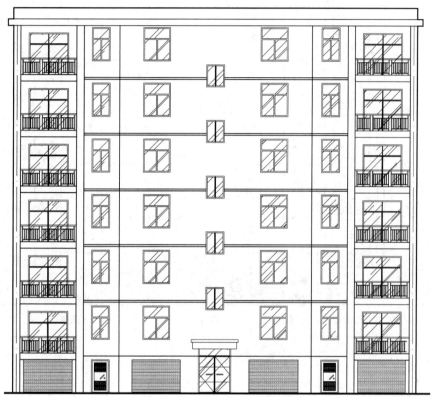

图 4-16 绘制好车库门、储藏室门和大门后的立面图

一、标注尺寸

（一）选择图层

将"尺寸"图层设为当前图层。

（二）标注尺寸

立面图尺寸标注包括三道，即细部尺寸、层高尺寸、总高度尺寸。

运行【线性标注】命令 DLI，标注第一道尺寸，然后运行【连续标注】命令 DCO，快速标注其他尺寸，方法同平面图标注。结果如图 4-17 所示。

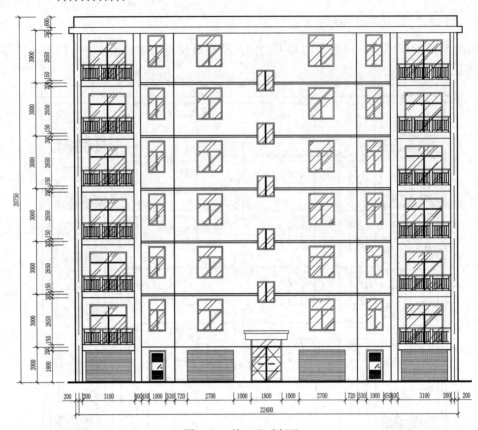

图 4-17 施工尺寸标注

二、标注轴线编号

插入名为"横向轴编"的块，标注 1 号和 8 号轴线编号，方法同平面图轴编标注，如图 4-18 所示。

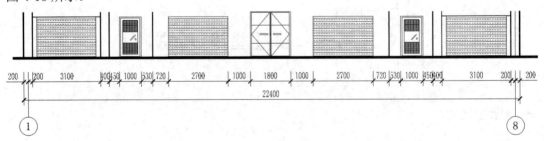

图 4-18 轴线编号标注

三、标注标高

（一）创建带属性的标高块

1. 绘制标高符号

右键单击状态栏【捕捉模式】，选择【捕捉设置】，弹出【草图设置】对话框，在【极轴追踪】选项卡中设置极轴增量角为 45 度，如图 4-19 所示。

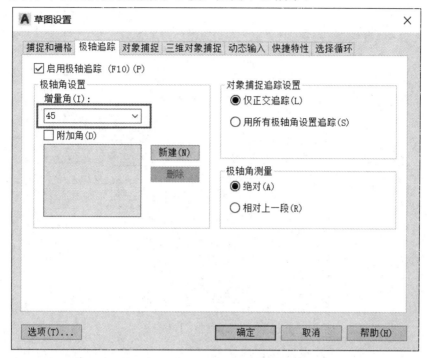

图 4-19　极轴增量角设置

运行【直线】命令 L、【偏移】命令 O、【修剪】命令 TR 等绘制出标高符号，如图 4-20 所示（上端水平线约 2000 mm）。

图 4-20　标高符号

2. 绘制标高参照辅助线

绘制一条直线，长度为 1500，如图 4-21 所示。

图 4-21　绘制好参照线的标高符号

微课：绘制标高符号

【小贴士】此处绘制的是标高符号的一条参照辅助线，长度不定值，但必须大于立面层高尺寸标注中尺寸界线的右端点至总高度尺寸标注中尺寸线之间的水平距离，目的是在后续标高标注操作中快速捕捉到准确的插入点，这样既保证了标高符号的整齐统一，也大大加快了标高标注速度。

3. 定义属性

运行【属性定义】命令 ATT，弹出【属性定义】对话框，按图 4-22 定义属性。单击【确定】按钮后，字样"BG"放置在标高符号上（"BG"字样要设在"文字"图层下），如图 4-23 所示。

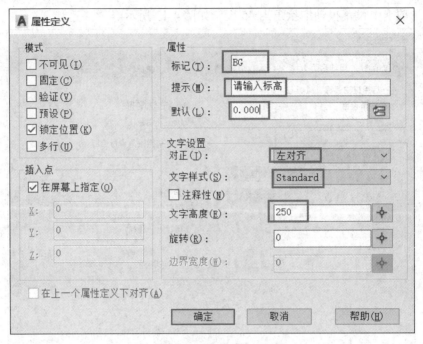

图 4-22 【属性定义】对话框

图 4-23 添加属性后的标高符号

4. 创建"标高"图块

运行【创建块】命令 B,在【块定义】对话框中对【名称】【选择对象】【拾取点】进行设置,如图 4-24 所示。

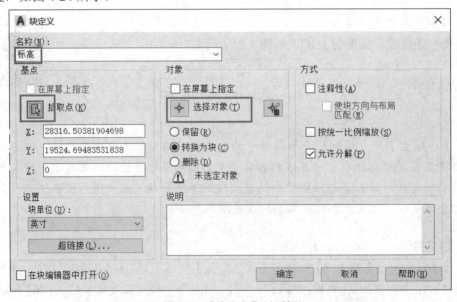

图 4-24 【块定义】对话框

设置块名称为"标高",选择对象为图4-23所示的图形,拾取点为图4-25所示的端点。单击【确定】按钮,弹出【编辑属性】对话框,输入"0.000"。

图4-25　"块定义"拾取点的设置

(二)插入标高块,完成标高标注

将"尺寸"图层设为当前图层。运行【插入块】命令I,弹出【块】对话框,如图4-26所示。单击名为"标高"的块后,选择插入点为层高尺寸界线的左端点,然后在命令行提示输入标高时,输入要标注的标高值,再单击【确定】(注:标注±0.000时,应输入"%%P0.000")。结果如图4-27所示。

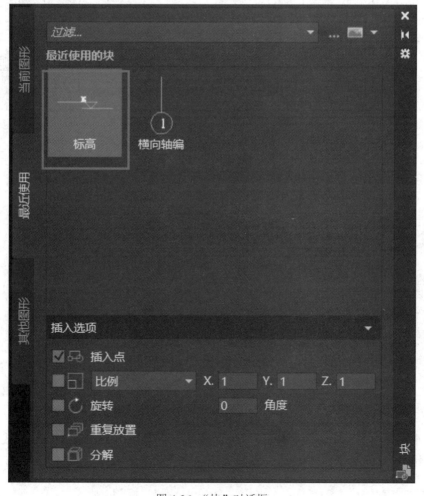

图4-26　"块"对话框

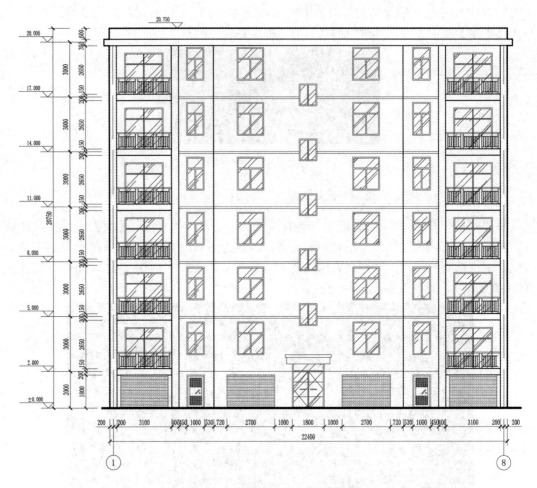

图 4-27　完成标注标高后的立面图

四、标注文字

将"文字"图层设为当前图层。运行【单行文本】命令 DT，设置文字高度为"700"，标注出立面图中图名"正立面图"；设置文字高度为"500"，标注出立面图图例"1 ： 100"。结果如图 4-28 所示。

正立面图 1:100

图 4-28　立面图图名与图例

复制平面图中的图幅、图框、标题栏、会签栏至立面图中，立面图绘制完成，然后也保存在"建筑施工图 .dwt"中，最后结果如图 4-1 所示。

【小贴士】现实生活中，为了方便识读图纸，在用 CAD 绘图时，一般将建筑施工图中的平面图、立面图、剖面图和详图均放置在同一个界面下，所以本立面图绘制完成后也保存在平面图界面下的"建筑施工图 .dwt"文件中。

项目小结

本项目介绍了绘制建筑立面图的基本流程和步骤，结合《房屋建筑制图统一标准》，详细地讲解了立面图中框架线的创建、门窗的插入、尺寸和标高的标注等，读者要仔细领会每一步骤的绘制过程和技巧，并且熟练操作每一个命令的快捷键。

建筑立面图是建筑施工较为重要的参考用图纸，也是建筑物外貌特征的重要参考依据。在绘制时不仅要保证图形精确、美观，还要讲究绘图速度和技巧。例如，在本项目中绘制二楼及以上楼层的立面图时，采用阵列命令快速生成了楼体，这种方法简单、实用、准确。

同步测试

一、选择题

1. 建筑立面图要求标注 (　　) 道尺寸线。

A. 1　　　　　　　B. 2　　　　　　　C. 3　　　　　　　D. 4

2. 下列不属于建筑立面图中必须绘制的内容是 (　　)。

A. 风玫瑰　　　B. 屋顶立面外形　C. 门窗立面形状　D. 建筑立面标高

3. 国家制图标准规定，立面图中的汉字字宽约为字高的 (　　) 倍。

A. 2　　　　　　　B. 3　　　　　　　C. 0.7　　　　　　D. 0.5

4. 下列命令中，将选定对象的特性应用到其他对象的是 (　　)。

A. "夹点"编辑　　　　　　　　B. AutoCAD 设计中心

C. 特性　　　　　　　　　　　D. 特性匹配

5. (　　) 命令可自动将包围指定点的最近区域定义为填充边界。

A. BHATCH　　　　　　　　　B. BOUNDARY

C. HATCH　　　　　　　　　　D. PTHATCH

6. 在 AutoCAD 2020 中设置图层颜色时，可以使用 (　　) 种标准颜色。

A. 240　　　　　　B. 255　　　　　　C. 6　　　　　　　D. 9

7. 在建筑立面图中，立面地坪线应采用的线宽是 (　　)。

A. 粗实线　　　　　　　　　　B. 细实线

C. 特粗实线　　　　　　　　　D. 中实线

8. 设置光标大小需在【选项】对话框中的 (　　) 选项卡中设置。

A. 草图　　　　　　　　　　　B. 打开和保存

C. 系统　　　　　　　　　　　D. 显示

9.(　　) 命令用于图形标注多行文本、表格文本和下画线文本等特殊文字。

A. MTEXT   B. TEXT

C. DTEXT   D. DDEDIT

10. 在给建筑立面图进行三道纵向尺寸标注时，(　　) 不属于标注内容。

A. 轴间尺寸   B. 细部尺寸

C. 层高尺寸   D. 总高尺寸

二、问答题

1. 如何标注立面图的标高？

2. 怎样快速、美观、整齐地标注尺寸？

3. 怎样根据建筑绘图标准设置立面图中各种轮廓线的线宽？

4. 《房屋建筑制图统一标准》对尺寸标注操作具体有哪些要求？

项目五 建筑剖面图的绘制

 学习目标

 知识目标

- 了解建筑剖面图的用途、形成和内容。
- 掌握《房屋建筑制图统一标准》中的绘图标准与剖面图中各种元素的表示方法。
- 掌握建筑剖面图的绘制流程、绘制方法和绘制技巧。

能力目标

- 能应用各类命令的快捷键快速绘制出剖面墙线、剖面门窗、剖面楼梯等元素，并进行尺寸和文字标注。
- 能处理好各种绘图元素与《房屋建筑制图统一标准》的对应关系。

思政目标

- 培养规范和创新意识。
- 以人为本，增强社会责任感。

　　建筑剖面图主要用于表达建筑物垂直方向的内部构造和结构形式，反映房屋的层数、层高、楼梯、结构形式、层面及内部空间关系等。它与建筑平面图、立面图相互配合，是建筑施工图中不可缺少的重要图样之一。本项目将以绘制如图 5-1 所示的某居民楼 1-1 剖面图为例，介绍建筑剖面图的绘制方法和绘制技巧。

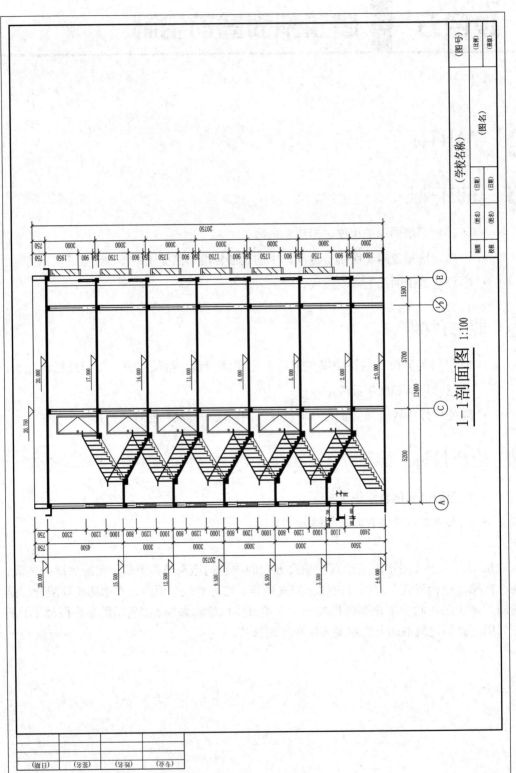

1-1剖面图 1:100

图 5-1　某居民楼 1-1 剖面图

任务一　绘制轴线和墙线

轴线和墙线的绘制步骤如下：

(1) 打开"建筑施工图 .dwt"文件，确定剖面图的剖切位置和剖视方向。

(2) 将"轴线"图层设为当前图层，从平面图轴号为 A、C、1/D、E 的轴线引出对齐线；将"墙体"图层设为当前图层，从平面图中的墙体线引出对齐线，画出剖面图的墙线。结果如图 5-2 所示。此时，红色为轴线，灰色为墙线，蓝色为柱子可见线，黄色为阳台栏杆线，青色为凸窗可见线。

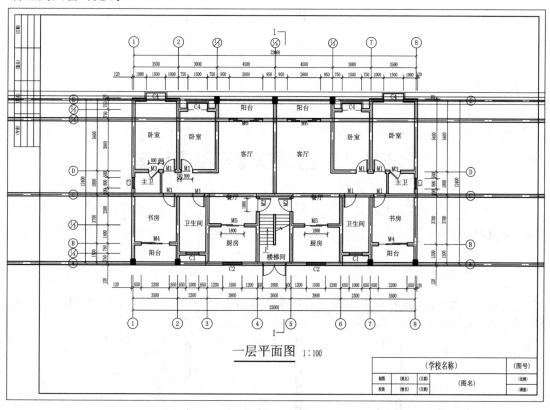

图 5-2　引出平面图中与剖面图相对应的对齐线

(3) 选中上述所绘的轴线和墙线，运行【旋转】命令 RO，将所选线顺时针旋转 90°，如图 5-3 所示。

【小贴士】旋转时，先确定剖面图的剖切位置和剖视方向。剖视方向向左，则为顺时针，输入的旋转角度为负值；剖视方向向右，则为逆时针，输入的旋转角度为正值。图 5-3 为顺时针旋转，故角度应输入"−90"。

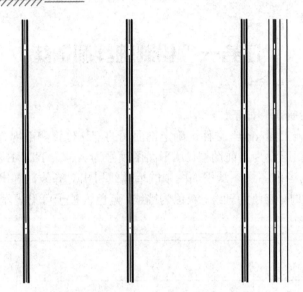

图 5-3   旋转后的对齐线

任务二   绘制楼板与剖面门窗

一、绘制楼板

（一）绘制地坪线

地坪线为剖面图中的特粗实线。运行【多段线】命令 PL，设置线宽为 100，在适当位置绘制出地坪线，如图 5-4 所示。

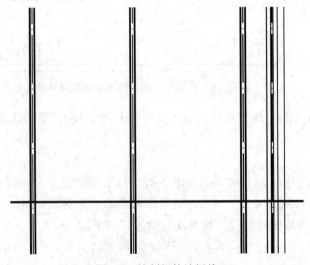

图 5-4   绘制好的地坪线

（二）绘制层高线

将地坪线向上偏移 2000，然后运行【分解】命令 X，确定后得到细实线。

（三）绘制楼板

楼板的绘制步骤如下：

(1) 绘制如图 5-5 所示的楼板与梁，并移至正确位置，使楼板的上表面与一楼楼层线平齐。

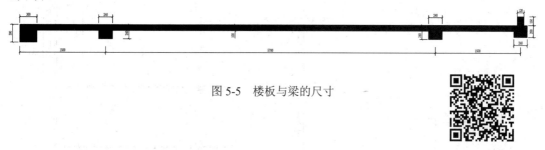

图 5-5　楼板与梁的尺寸

微课：绘制楼板

(2) 运行【阵列】命令 AR，以图 5-5 所示楼板为选择对象，确定后选择矩形阵列 (R)，列数 (COL) 设置为 1，指定列数之间的距离为 1，行数 (R) 设置为 7，指定行数之间的距离为 3000，指定行数之间的标高增量为 0。绘制结果如图 5-6 所示。

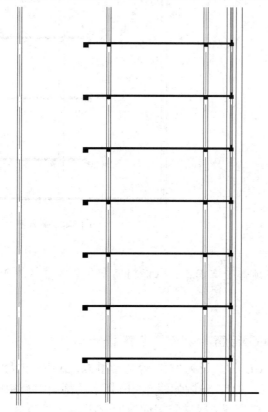

图 5-6　阵列后的剖面图

二、绘制剖面门窗

（一）绘制剖面大门

设置"门窗"图层为当前图层，运行【多线】命令 ML，样式设为"Q"，绘制高为 2610 的多线，然后运行【直线】命令 L 连接上下中点，绘制结果如图 5-7 所示。将剖面大门插入至楼梯入口处，关闭轴网图层，绘制结果如图 5-8 所示。

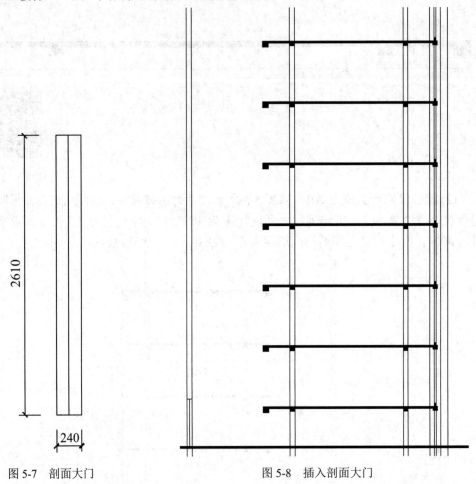

图 5-7　剖面大门　　　　　　　　图 5-8　插入剖面大门

【小贴士】大门顶部带有雨篷，立面门高有部分不可见，所以立面高度和剖面高度存在差值。

（二）绘制楼梯间剖面窗和剖面阳台栏杆

运行【多线】命令 ML，样式设为"C"，绘制如图 5-9(a) 所示的楼梯间剖面窗。运行【多线】命令 ML，样式设为"Q"，绘制如图 5-9(b) 所示的剖面阳台栏杆。将楼梯间剖面窗和剖面阳台栏杆插入至正确位置 (楼梯间剖面窗底部距离一层楼板面 2500 mm)。结果如图 5-10 所示。

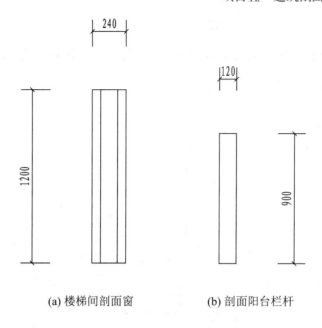

(a) 楼梯间剖面窗　　　　　(b) 剖面阳台栏杆

图 5-9　楼梯间剖面窗和剖面阳台栏杆

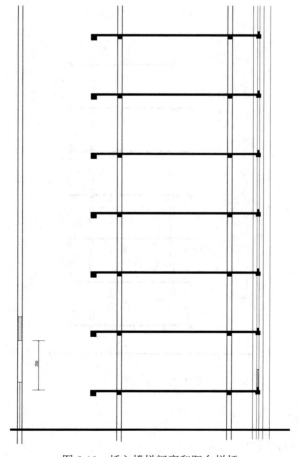

图 5-10　插入楼梯间窗和阳台栏杆

(三) 绘制可见门 (入户门 M2)

绘制如图 5-11 所示的可见门 M2，并插入至正确位置 (距墙侧边距离 120)。结果如图 5-12 所示。

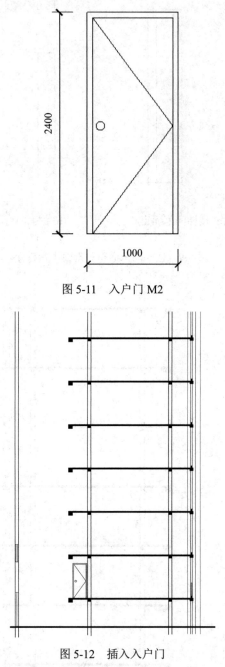

图 5-11　入户门 M2

图 5-12　插入入户门

(四) 阵列门窗

1. 阵列可见门和阳台栏杆

运行【阵列】命令 AR，以图 5-12 所示的可见门 M2、阳台栏杆为选择对象，确定后

选择矩形阵列 (R)，列数 (COL) 设置为 1，指定列数之间的距离为 1，行数 (R) 设置为 6，指定行数之间的距离为 3000，指定行数之间的标高增量为 0。

2.阵列楼梯间剖面窗

阵列楼梯间剖面窗时，除行数 (R) 设置为 "5" 外，其他设置与阵列可见门 M2、阳台栏杆相同。最终绘制结果如图 5-13 所示。

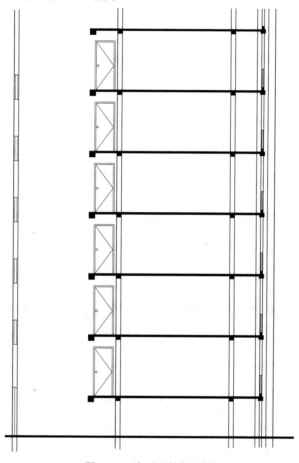

图 5-13　阵列后的剖面图

任务三　绘制剖面楼梯

一、绘制踏步和梯板

（一）绘制踏步

根据设计图尺寸,运用【直线】命令 L、【复制】命令 CO 绘制踏步。结果如图 5-14 所示。

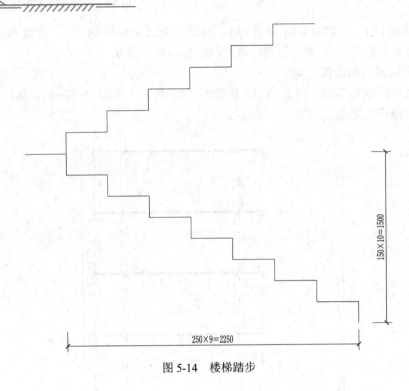

图 5-14　楼梯踏步

（二）绘制梯板

用直线连接各踏步角点，并向下偏移 100。结果如图 5-15 所示。

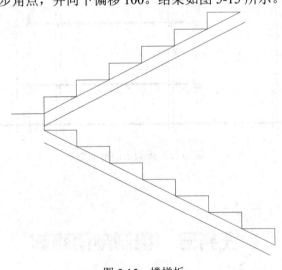

图 5-15　楼梯板

二、绘制休息平台和栏杆

（一）绘制休息平台

休息平台的绘制步骤如下：

(1) 绘制如图5-16所示的楼梯休息平台(左、右端平台梁尺寸分别为240 mm × 240 mm、300 mm × 300 mm)。

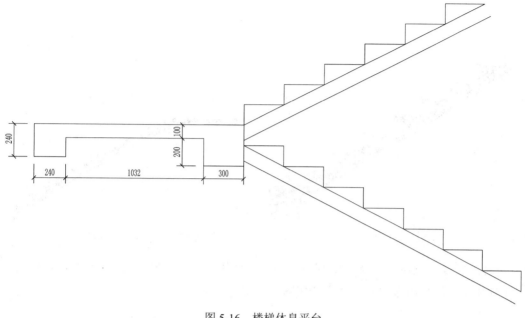

图 5-16　楼梯休息平台

(2) 绘制连接楼板的上下梯梁(尺寸为300 mm × 300 mm)，修剪梯板并填充图案。结果如图5-17所示。

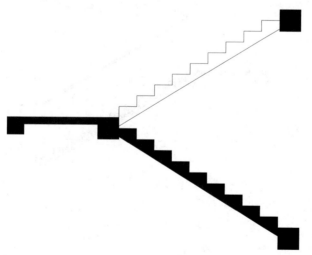

图 5-17　修剪并填充后的楼梯

（二）绘制栏杆

栏杆的绘制步骤如下：

(1) 在梯梁上表面中点位置绘制一条长为900的辅助直线，并分别向左、向右各偏移15，删掉辅助线。结果如图 5-18 所示。

(2) 复制图 5-18 中的栏杆，基点选择为各踏步上表面的中点。结果如图 5-19 所示。

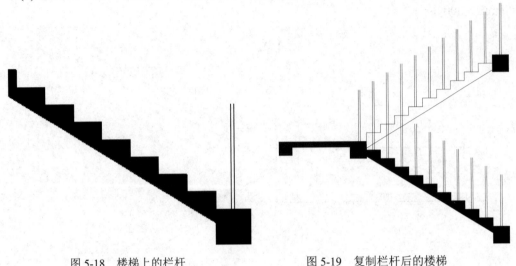

图 5-18 楼梯上的栏杆   图 5-19 复制栏杆后的楼梯

(3) 运行【多段线】命令 PL，线宽设为 25，连接上下栏杆的上端点，绘制出栏杆扶手，扶手伸出栏杆的距离为 300。结果如图 5-20 所示。

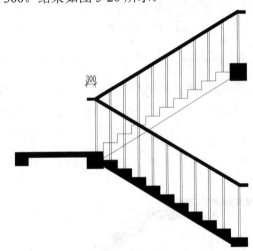

图 5-20 添加扶手后的楼梯

三、阵列楼梯

（一）创建"楼梯"块

运行【创建块】命令 B，将图 5-20 所示的图形创建为块，命名为"楼梯"，拾取点设为上端梯梁的左上角点。

（二）插入块

运行【插入块】命令 I，单击"楼梯"块，插入点为上端梯梁的左上角点。结果如图 5-21 所示。

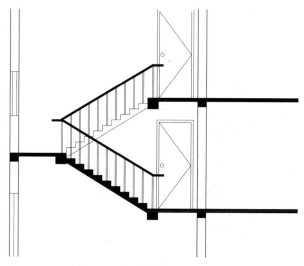

图 5-21　插入楼梯后的剖面截图

（三）阵列楼梯

运行【阵列】命令 AR，阵列出其他层楼梯（操作步骤和前面相同）。结果如图 5-22 所示。

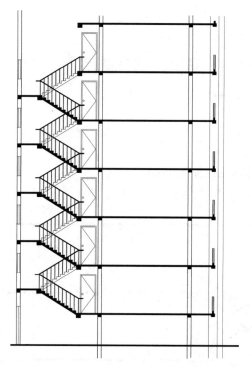

图 5-22　阵列楼梯后的剖面图

四、绘制地面车库楼梯

楼梯踏步、栏杆的尺寸及绘制方法同上，结果如图 5-23 所示。

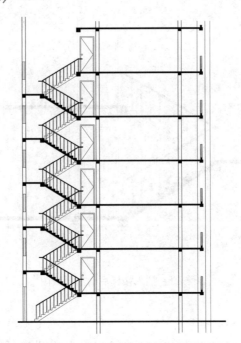

图 5-23　绘制地面车库楼梯后的剖面图

任务四　绘制其他元素

一、编辑屋面板和绘制女儿墙

屋面板的编辑和女儿墙的绘制步骤如下：

(1) 编辑屋面板，如图 5-24 所示。

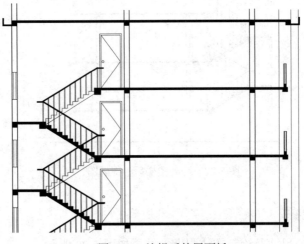

图 5-24　编辑后的屋面板

(2) 在"墙体"图层下用多线绘制出女儿墙，高为 750，并用细实线进行连接，如图 5-25 所示。

图 5-25　女儿墙

(3) 打开"轴网"图层，修剪掉多余的墙线和轴线，最终结果如图 5-26 所示。

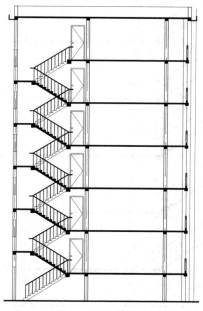

图 5-26　修剪后的剖面图

二、绘制可见凸窗

根据图 5-1 可知，凸窗为可见部分，剖面图中应予以体现。凸窗的相关尺寸如图 5-27 所示。

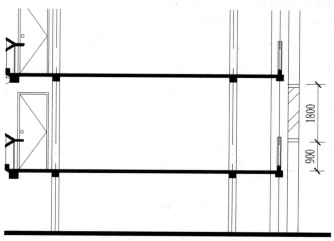

图 5-27　凸窗绘制效果

删除凸窗定位线，将凸窗进行阵列，设置同阳台栏杆，行偏移为 3000。阵列后的效果如图 5-28 所示。

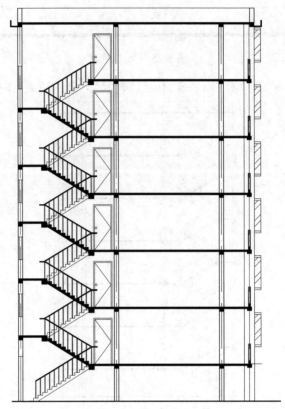

图 5-28　凸窗阵列后的效果

三、绘制雨篷

雨篷的绘制步骤如下：

(1)将"楼板"图层设为当前图层，在剖面大门上绘制过梁，尺寸为240 mm×240 mm。

(2) 按如图 5-29 所示的尺寸绘制雨篷。

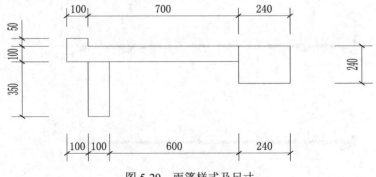

图 5-29　雨篷样式及尺寸

(3) 将雨篷移至正确位置并填充，结果如图 5-30 所示。

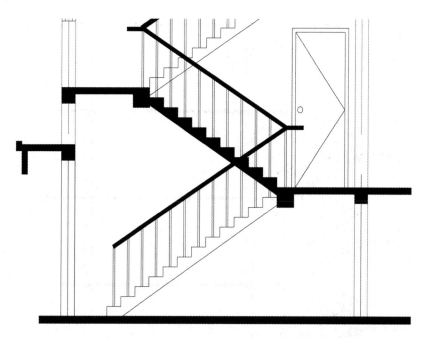

图 5-30　绘制好的雨篷

任务五　标注建筑剖面图

一、标注尺寸

（一）选择图层

将"尺寸"图层设为当前图层。

（二）标注尺寸

和立面图、平面图一样，剖面图中的尺寸也包括细部尺寸、层高尺寸、总高度尺寸。

运行【线性标注】命令 DLI，标注第一个尺寸，然后运行【连续标注】命令 DCO 快速标注其他尺寸，方法同立面图中的尺寸标注。结果如图 5-31 所示。

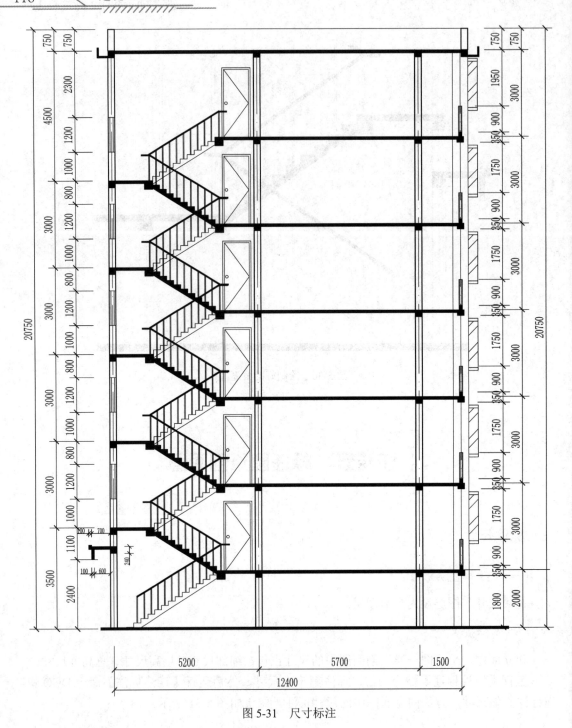

图 5-31　尺寸标注

二、标注轴线编号

插入名为"横向轴编"的块，标注 A、C、1/D、E 号轴线编号，方法同平面图中轴编的标注。结果如图 5-32 所示。

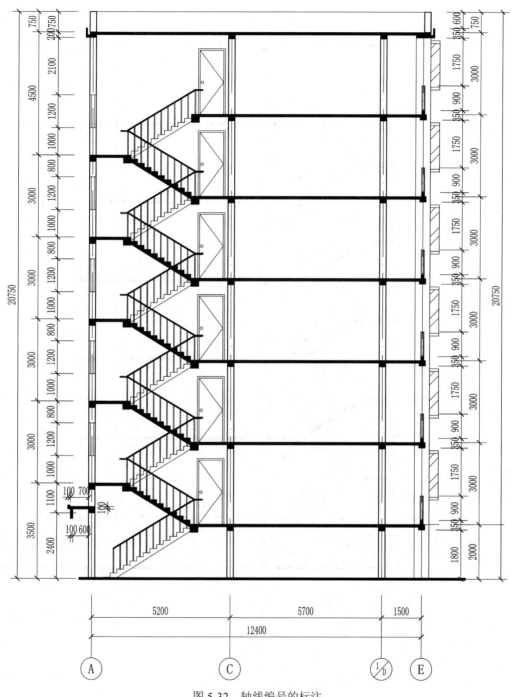

图 5-32　轴线编号的标注

三、标注标高

设置"尺寸"图层为当前图层，运行【插入块】命令 I，单击项目四中已创建的带属性的名为"标高"的块，命令行提示输入标高时，输入要标注的标高值，确定后完成标高标注（注：标注 ±0.000 时，应输入"%%P0.000"）。结果如图 5-33 所示。

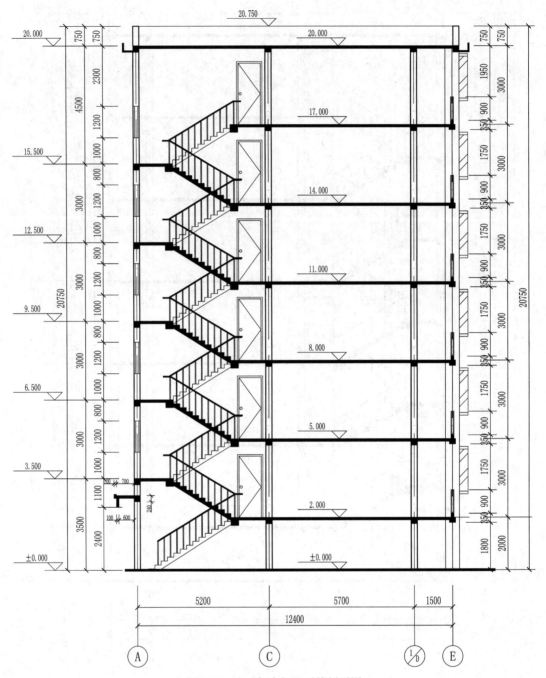

图 5-33　完成标高标注后的剖面图

四、标注文字

　　将"文字"图层设为当前图层，运行【单行文本】命令 DT，标注出剖面图中的图名、图例，方法同平面图中文字的标注。结果如图 5-34 所示。

1-1剖面图 1:100

图 5-34　剖面图的图名、图例

最后，插入平面图或立面图中的图幅、图框、标题栏和会签栏，剖面图绘制完成，然后保存在"建筑施工图 .dwt"中。最后结果如图 5-1 所示。

 # 项目小结

本项目介绍了绘制建筑剖面图的基本流程和步骤，结合《房屋建筑制图统一标准》，详细地讲解了剖面图中墙线和轴线的定位、剖面门窗的绘制、剖面楼梯的绘制、尺寸和标高的标注等。其中，剖面楼梯的绘制是本项目的重点，也是难点，要求读者熟练操作。

在绘制剖面图时，先找准剖切位置及方向，并参照建筑平面图、立面图的有关参数，找准剖面构件的尺寸，只有这样才能保证绘制图纸的准确性。

学习完前面的知识，本书附录二中的工程案例可用于训练提升。

 # 同步测试

一、选择题

1. 在建筑剖面图中，轴线采用的线型为（　　）。

A. 细实线　　　　　B. 细虚线　　　　　C. 细单点长画线　　D. 中实线

2. 关于符号 ⌐ 的说法，正确的是（　　）。

A. 剖面符号，表示向左看　　　　　　　B. 剖面符号，表示向右看

C. 断面符号，表示向左看　　　　　　　D. 断面符号，表示向右看

3. 建筑剖面图中，绘制图名和图例时，应采用的字高分别为（　　）。

A. 700，700　　B. 700，500　　C. 500，700　　D. 500，500

4. 下列各剖面元素中需要定义属性的是（　　）。

A. 标高　　　　　B. 尺寸　　　　　C. 门窗　　　　　D. 楼梯

5. 剖面图中可见的门窗一般应绘制门窗的（　　）。

A. 平面　　　　　B. 立面　　　　　C. 剖面　　　　　D. 以上都不是

6. 在绘制剖面图楼梯时，一般可以先绘制一层楼梯，然后对该层楼梯进行（　　）。

A. 镜像或复制　　B. 镜像或阵列　　C. 复制或阵列　　D. 复制或偏移

7. 下列在绘图时不需要创建成块的是（　　）。

A. 轴编　　　　　B. 标高　　　　　C. 楼梯　　　　　D. 墙体

8. 绘制楼梯栏杆和扶手时，一般采用的命令有（　　）。

A. 复制和直线　　B. 复制和多段线　　C. 阵列和直线　　D. 阵列和多段线

9. （　　）不属于剖面楼梯元素。

A. 休息平台　　　B. 梯梁　　　　　C. 踏步　　　　　D. 楼板

10. 剖面图中被剖到的墙体应采用 (　　)。

A. 特粗实线　　　　B. 粗实线　　　　　C. 中实线　　　　　D. 细实线

二、问答题

1. 如何对标高和轴编定义属性？

2. 在绘制剖面楼梯时应注意哪些问题？

3. 怎样快速精确地标注剖面图的尺寸、标高？

4. 简述建筑剖面图的绘制流程。

项目六　建筑详图的绘制

学习目标

知识目标

- 了解建筑详图的用途、形成和内容。
- 掌握同一绘图环境中不同绘图比例图形的绘制，以及相关设计标准中关于建筑详图的绘制标准。
- 掌握建筑详图的绘制流程、绘制方法和绘制技巧。

能力目标

- 能应用各类命令的快捷键快速绘制出雨篷详图、屋面女儿墙和天沟详图、外墙墙身节点详图等元素，并进行尺寸和文字标注。
- 能处理好各种绘图元素与相关设计标准的对应关系。

思政目标

- 培养规范和创新意识。
- 树立全局观念和大局意识。

　　建筑详图是将房屋构造的节点细部用较大的比例 (本项目采用 1 ∶ 10 的比例) 绘制出来，表达出其构造做法，尺寸、构配件相互关系和建筑材料等。相对于建筑平面图、立面图、剖面图，建筑详图是一种辅助图样，也是一种补充。本项目以绘制某居民楼雨篷详图、屋面女儿墙和天沟详图、外墙墙身节点详图为例，介绍建筑详图的绘制方法和技巧。

任务一　绘制钢筋混凝土雨篷详图

根据《钢筋混凝土雨篷建筑构造》03J501-2 等相关标准图集，结合前面建筑平面图、立面图、剖面图中关于雨篷的材料、尺寸等的表述，绘制出雨篷详图，如图 6-1 所示。

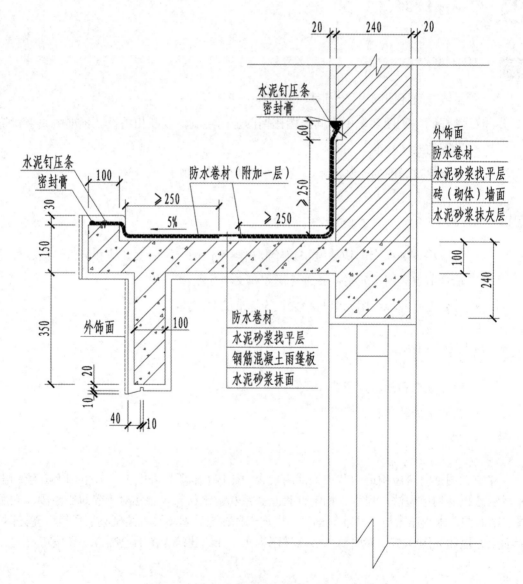

钢筋混凝土雨篷详图 1:10

图 6-1　钢筋混凝土雨篷详图

一、设置绘图环境

（一）设置图层

参照图 6-2 设置好图层。本任务所用图层为标注、卷材、轮廓线、门窗、文字和引注。其中，"卷材"图层颜色选择 5 号蓝色，线型为"ACAD-ISO02W100"。

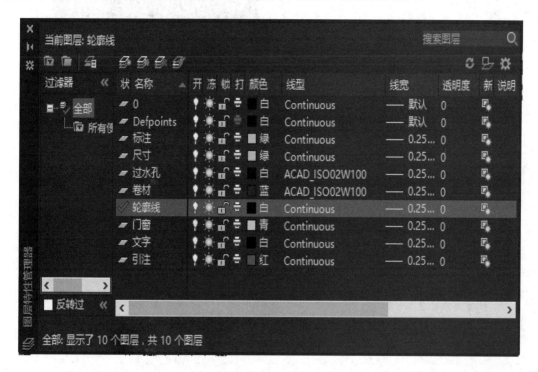

图 6-2　设置图层

（二）设置文字样式

图 6-2 中标注的字体统一采用长仿宋体，字的宽高比为 0.7 ：1。字体高度根据需要设置为 350、500、700。其中尺寸标注和引注文字字高为 350，图名字高为 500 和 700。具体设置方法详见项目三。

（三）设置标注样式

运行【标注样式】命令 D，打开【标注样式管理器】对话框，新建名为"详图标注"的样式，具体设置参数可参考项目三。要注意的是，在【主单位】选项卡中，比例因子应设为 0.1，如图 6-3 所示。

图 6-3　标注样式——比例因子设置

【小贴士】在【修改标注样式:详图标注】对话框中,将比例因子设置为 0.1 后,在标注过程中标注的尺寸会自动缩小为原来的 1/10。图 6-4 所示矩形的实际绘制尺寸宽为 2000,高为 3000,但是标注尺寸显示宽为 200,高为 300。

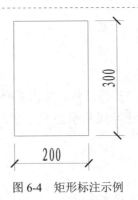

图 6-4　矩形标注示例

二、绘制雨篷详图框架轮廓

在绘制前,先将"轮廓线"图层设为当前图层,再运用【直线】命令 L、【多段线】命令 PL、【偏移】命令 O、【圆弧】命令 A 等命令绘制出如图 6-5 所示的雨篷详图框架轮廓,其细部构造和尺寸详见图 6-1,具体绘制步骤此处省略。

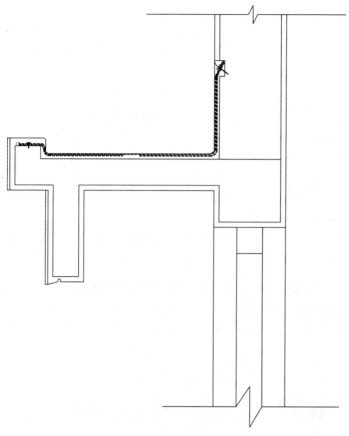

图 6-5　雨篷详图框架轮廓

【小贴士】在绘图过程中，所有图形的尺寸都按照实际尺寸放大 10 倍来绘制，如墙体厚度为 240 mm，但是绘制的时候输入 2400 作为墙体厚度。

在绘制过程中，要注意图中几个细部位置的构造做法及尺寸要求，如雨篷外部上沿口、下沿口鹰嘴滴水处及墙身防水卷材收口位置，如图 6-6 ～图 6-8 所示。

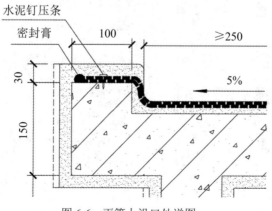

图 6-6　雨篷上沿口处详图

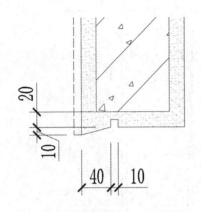 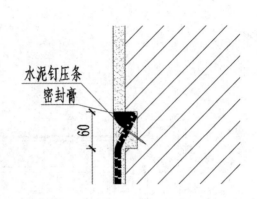

图 6-7　雨篷下沿口鹰嘴滴水详图　　　图 6-8　墙身防水卷材收口详图

【小贴士】图 6-8 中的防水卷材需用【多段线】命令 PL 来进行绘制，先将"卷材"图层设置为当前图层，输入 PL 后设置宽度参数为 50，绘制完成后，右键单击卷材图线选择"特性"，将线型比例设置为 10。

三、填充图形

根据图 6-1 分别填充各个图形，具体填充图例和比例如图 6-9 ～图 6-11 所示。

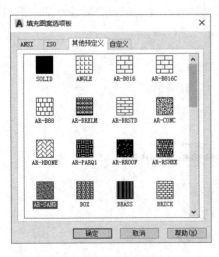 

图 6-9　砂浆填充示例

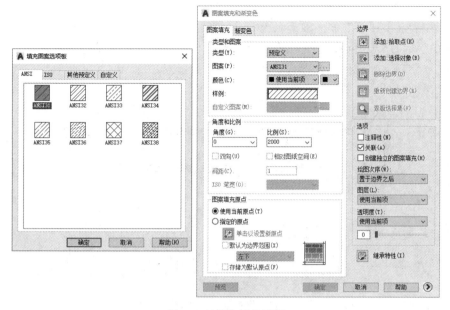

图 6-10　墙体填充示例

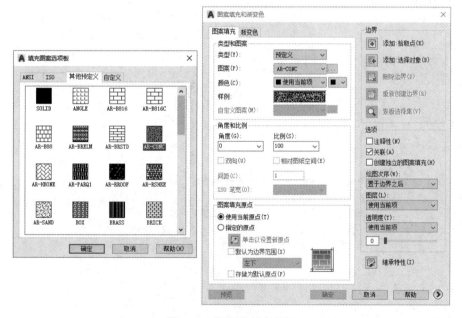

图 6-11　混凝土填充示例

【小贴士】在填充过程中，有两种方式选择待填充图形。当待填充图形为比较简单且边界清晰的图形时，可以选择【图案填充和渐变色】对话框中右上角的【添加：拾取点】；当待填充图形为较复杂且不规则的图形时，可以尝试选择【图案填充和渐变色】对话框中右上角的【添加：选择对象】，逐条选择边界，但是一定要保证所选边界是闭合的图形，否则无法填充成功。

【小贴士】图 6-1 中，雨篷的梁板材料为钢筋混凝土，所以填充时需要结合图 6-10 所示的墙体和图 6-11 所示的混凝土两种图例，且要将墙体的填充比例改为 4000，以便和上部墙体区分开来，填充完成后如图 6-12 所示。

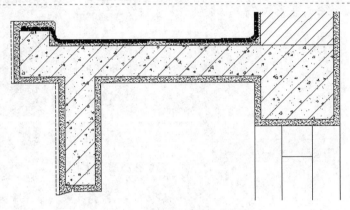

图 6-12　钢筋混凝土填充图例

所有的图例全部填充完后如图 6-13 所示。

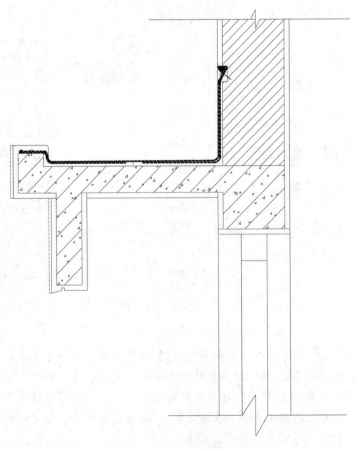

图 6-13　图例填充

四、标注详图

（一）标注尺寸

尺寸的标注是详图绘制的关键点，图形是按照实际尺寸放大 10 倍绘制的，标注样式中比例因子设置为 0.1，所以标注的时候尺寸均会显示图形的实际尺寸。在标注前先将"标注"图层设为当前图层。结果如图 6-14 所示。

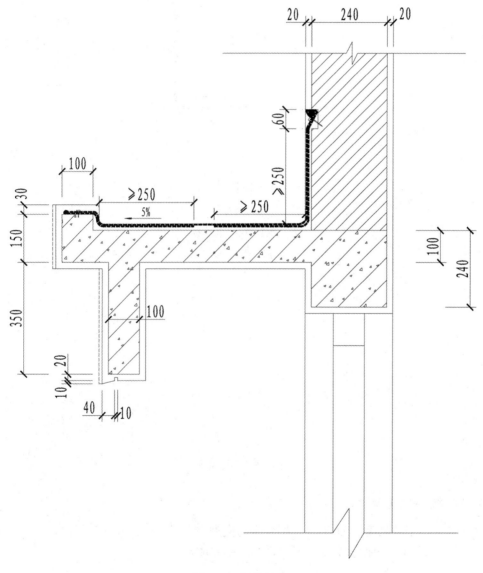

图 6-14　标注尺寸

（二）详图引注

引注时，将字体高度设为 350，引注出详图的部分构造做法。将"引注"图层设为当前图层。结果如图 6-15 所示。

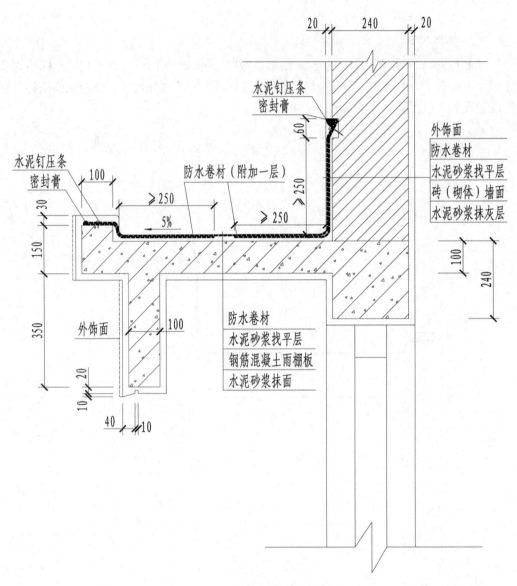

图 6-15　详图引注

(三)标注图名比例

标注时,将字体高度设为 700,比例数字高度为小一号,为 500,具体标注内容如图 6-16 所示。到此,本任务的钢筋混凝土雨篷详图绘制完成。

钢筋混凝土雨篷详图 1:10

图 6-16　标注图名比例

任务二　绘制女儿墙天沟详图

根据中南地区工程建设标准设计图集《平屋面》15ZJ201，结合前文建筑立面图和剖面图中关于女儿墙、天沟的材料与尺寸等的描述，绘制出女儿墙的天沟详图，如图6-17所示。

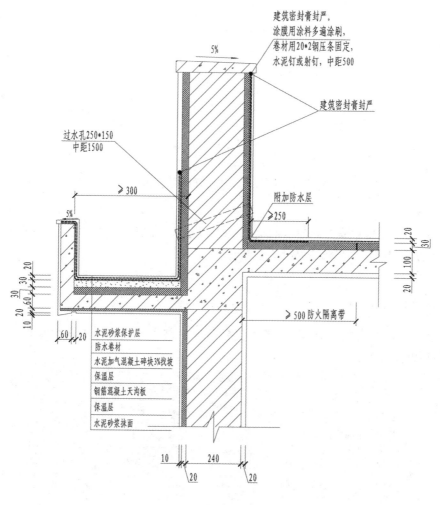

女儿墙天沟详图 1:10

图 6-17　女儿墙天沟详图

一、绘制女儿墙天沟框架轮廓

在绘图前先设置好绘图环境，本任务新增"过水孔"图层，其他具体设置参考任务一。先将"轮廓线"图层设为当前图层，再运用【直线】命令 L、【多段线】命令 PL、【偏移】

命令 O、【圆弧】命令 A 等绘制出如图 6-18 所示的女儿墙天沟详图框架轮廓，其细部构造和尺寸详见图 6-17，具体绘制步骤此处省略。

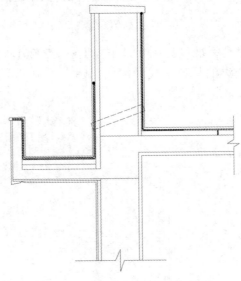

图 6-18　女儿墙天沟详图框架轮廓

【小贴士】图中女儿墙墙身位置有一个过水孔，在绘制前应先将"过水孔"图层设为当前图层，根据墙身尺寸合理绘制。

二、填充图形

女儿墙天沟详图的具体绘制步骤详见任务一，其中保温层填充图例如图 6-19 所示，填充完成后见图 6-20。

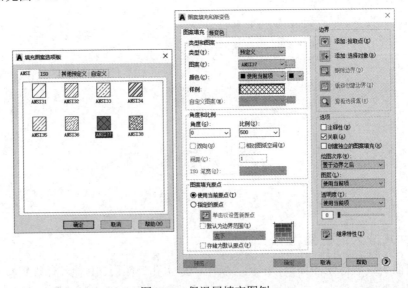

图 6-19　保温层填充图例

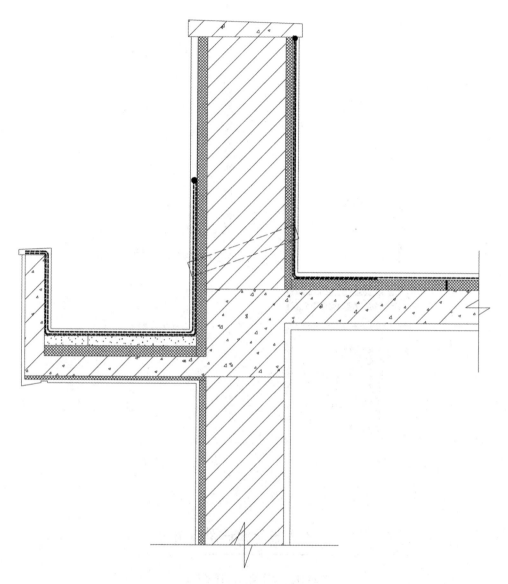

图 6-20　女儿墙天沟详图图例填充

【小贴士】图中天沟的水泥加气混凝土碎块找坡层图例应选用混凝土的图例 AR-CONC，比例设为 30。

三、标注详图

将"标注"图层设为当前图层。对绘制好的图 6-20 进行标注，标注内容包括尺寸标注、构造做法引注内容标注与图名标注，如图 6-21 所示。具体标注方法详见任务一。

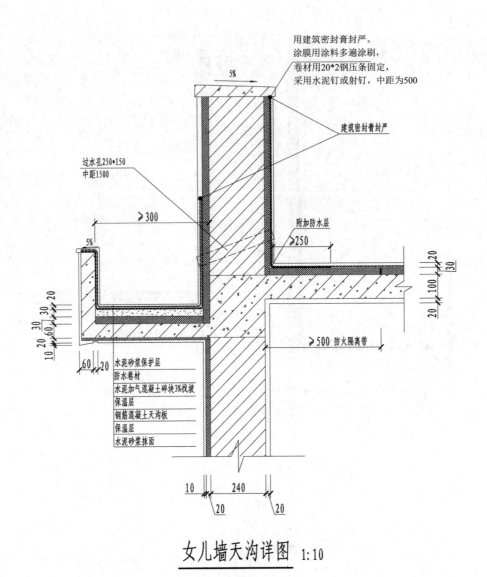

用建筑密封膏封严。
涂膜用涂料多遍涂刷，
卷材用20*2钢压条固定，
采用水泥钉或射钉，中距为500

建筑密封膏封严

过水孔250*150
中距1500

附加防水层
≥250

≥300

5%

≥500 防火隔离带

水泥砂浆保护层
防水卷材
水泥加气混凝土碎块3%找坡
保温层
钢筋混凝土天沟板
保温层
水泥砂浆抹面

女儿墙天沟详图 1:10

图 6-21　女儿墙天沟详图标注

任务三　绘制外墙节点详图

外墙节点详图是建筑详图中的重点图样，前面实例中某居民楼的外墙节点详图如图
6-22 所示，具体绘制步骤此处省略。

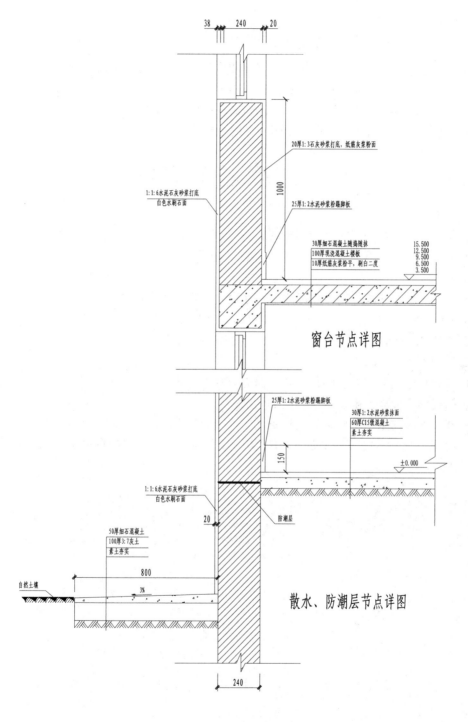

窗台节点详图

散水、防潮层节点详图

外墙节点详图 1:10

图 6-22　外墙节点详图

项目小结

　　本项目介绍了绘制建筑详图的基本流程和步骤，具体讲解了钢筋混凝土雨篷详图、女儿墙天沟详图、外墙节点详图的绘制。建筑详图是建筑平面图、立面图、剖面图的局部放大，所以建筑详图的绘制比例一般来说比建筑平面图、立面图、剖面图的大。读者需要认真领会并掌握同一绘图环境下不同比例图形的绘制。

 同步测试

一、选择题

1. 绘制建筑详图常用的比例不包括（　　　）。

A. 1：10　　　　　　　　　　　B. 1：20

C. 1：50　　　　　　　　　　　D. 1：100

2. （　　　）命令可以改变尺寸标注中尺寸数字的实际值大小。

A. DIMLFAC　　　　　　　　　B. DIMLINEAR

C. DIMCONTINUE　　　　　　　D. DIMALIGNED

二、问答题

1. 什么是建筑详图？它的作用是什么？有什么特点？

2. 简述钢筋混凝土雨篷防水构造的做法。

3. 建筑详图的填充图例是如何设置的？

4. 简述在比例为 1：100 的绘图环境下绘制比例为 1：50 的建筑详图在标注时应如何操作。

项目七 图纸布局与发布

学习目标

知识目标

- 了解图形输出的流程。
- 掌握图形绘制完成后打印输出的方法与技巧。

能力目标

- 能应用 AutoCAD 完成建筑图的布局与打印输出。
- 能处理实践中建筑图纸的打印输出问题。

思政目标

- 培养成果意识。
- 培养敢于分享、乐于分享、善于分享的良好习惯。

图形绘制完成后，往往需要将绘制好的图形打印出来。在打印时，需要设置布局、纸张大小、输出比例、打印线宽、颜色等相关内容。

一、创建视口

（一）认识布局

模型空间（如图7-1所示）是绘制图形的空间，是三维空间，通过模型选项卡可以获取无限图形区域。布局空间是二维空间，也称为图纸空间。布局的主要作用是出图，就是将在模型空间绘制出的图形在图纸空间进行调整、排版。

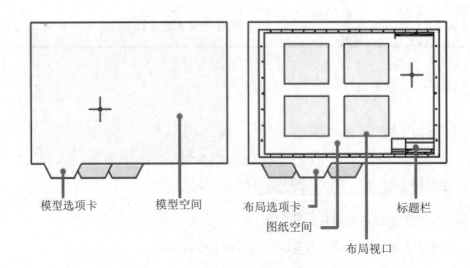

图 7-1　模型与布局

（二）创建布局

通过执行【创建布局向导】命令 LAYOUTWIZARD，可以逐步完成指定图纸大小、添加标题栏、显示模型的多个视图的过程。

(1) 运行软件 AutoCAD 2020，选择菜单栏中的【插入】→【布局】→【创建布局向导】命令，打开【创建布局 - 开始】对话框。在【输入新布局的名称】文本框中输入新布局的名称"正立面图"，如图 7-2 所示，单击【下一步】按钮。

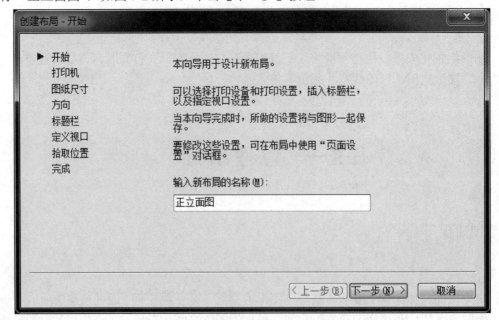

图 7-2　【创建布局 - 开始】对话框

(2) 进入【创建布局 - 打印机】对话框，在【为新布局选择配置的绘图仪】里选择 "DWG To PDF.pc3"，如图 7-3 所示，单击 "下一步" 按钮。

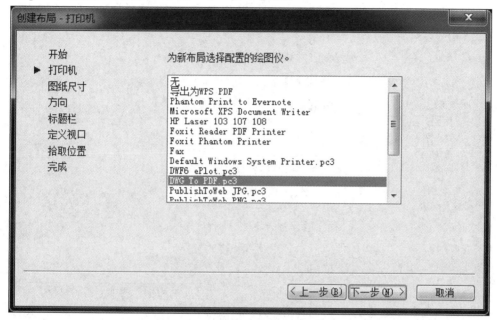

图 7-3 【创建布局 - 打印机】对话框

(3) 进入【创建布局-图纸尺寸】对话框，在【图纸尺寸】下拉列表中选择 "ISO A3(420.00 × 297.00毫米)"，在【图形单位】中选择 "毫米"，如图7-4所示，单击【下一步】按钮。

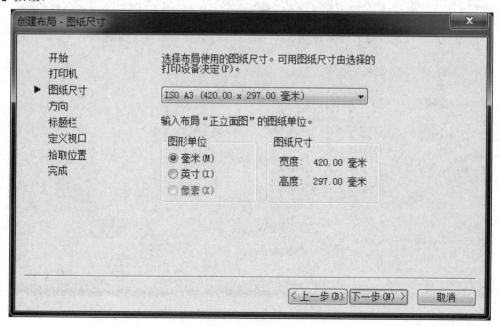

图 7-4 【创建布局 - 图纸尺寸】对话框

(4) 进入【创建布局 - 方向】对话框，图纸方向选择"横向"，如图 7-5 所示，单击【下一步】按钮。

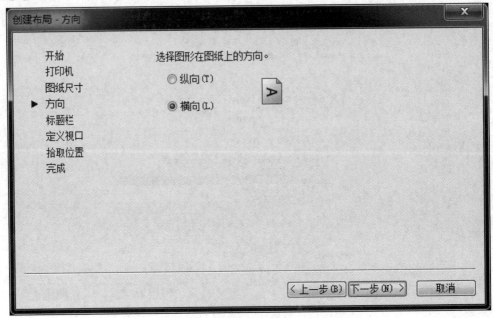

图 7-5 【创建布局 - 方向】对话框

(5) 进入【创建布局 - 标题栏】对话框，此正立面图中带有标题栏，所以这里选择"无"，如图 7-6 所示，单击【下一步】按钮。

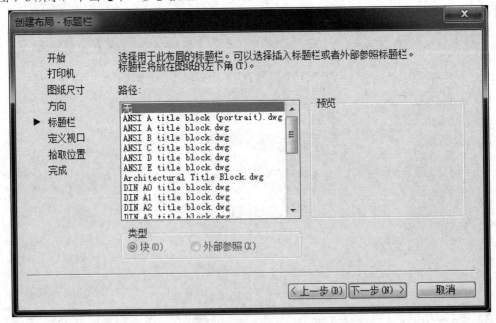

图 7-6 【创建布局 - 标题栏】对话框

(6) 进入【创建布局 - 定义视口】对话框,在【视口设置】中选择"单个",在【视口比例】中选择"按图纸空间缩放",如图 7-7 所示,单击【下一步】按钮。

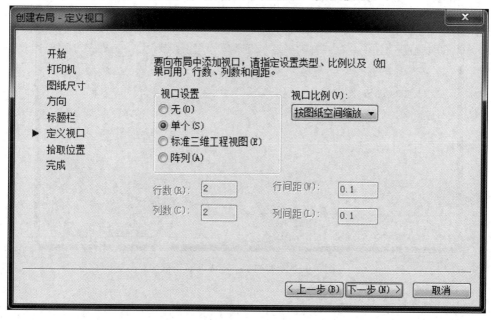

图 7-7 【创建布局 - 定义视口】对话框

(7) 进入【创建布局 - 拾取位置】对话框,如图 7-8 所示。单击【选择位置】按钮,在布局空间中指定图纸的放置区域。

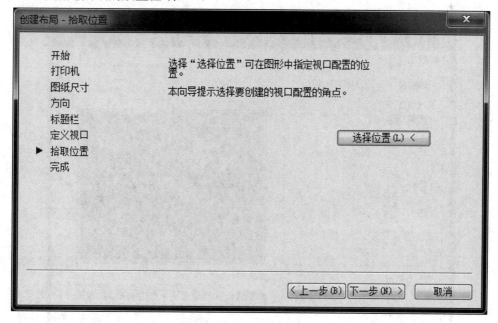

图 7-8 【创建布局 - 拾取位置】对话框

(8) 进入【创建布局 - 完成】对话框，单击【完成】按钮，如图 7-9 所示。完成新图纸布局的创建。系统自动返回到布局空间，显示新创建的布局"正立面图"。

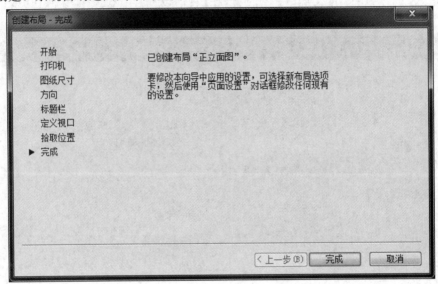

图 7-9　"创建布局 - 完成"对话框

(三) 创建视口

要在图纸空间看模型空间的内容，需要"开窗"，也就是开【视口】。这一操作可以创建布满整个布局的单一布局视口，也可以在布局中创建多个布局视口。

(1) 执行【视口】(VPORTS) 命令，或选择菜单栏中的【视图】→【视口】→【新建视口】命令，打开【视口】对话框，如图 7-10 所示。

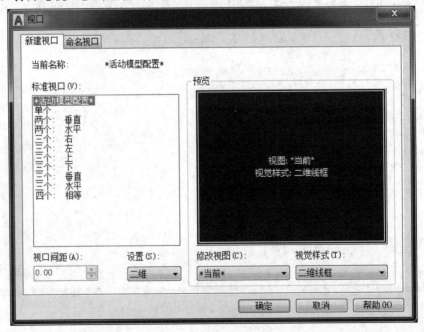

图 7-10　【视口】对话框

在【标准视口】列表中选择"三个：左"，其他采用系统默认设置，单击【确定】按钮。在窗口中创建三个视口，如图 7-11 所示。在新的布局视口中，默认会显示所有模型中的图形。

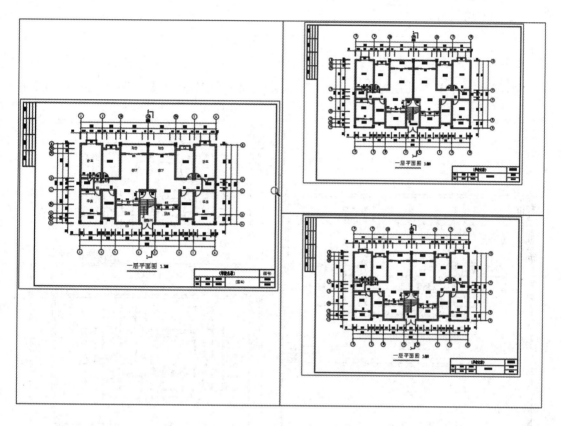

图 7-11　创建视口

(2) 除执行【视口】命令与菜单栏【新建视口】命令外，运用【视口】工具栏也能打开【视口】对话框。将光标放在任一工具栏的非标题区，单击鼠标右键，系统会自动打开工具栏快捷菜单。单击其中名为【视口】的工具栏，系统会自动打开【视口】工具栏，如图 7-12 所示。单击【视口】工具栏中的【显示视口对话框】命令，系统将打开【视口】对话框。

图 7-12　【视口】工具栏

微课：创建视口

（四）创建浮动视口

MVIEW 命令是专门在布局空间创建视口的命令，与 VPORTS 命令的作用相同。

在命令行中输入【视口】命令 MV，按回车键确认，根据命令行提示指定视口的角点，按回车键确认。

> 【小贴士】VPORTS 命令在模型空间与图纸空间都能使用，MVIEW 命令只能在图纸空间使用。

（五）删除视口

在布局中，选择浮动视口边界，如图 7-13 所示，然后按【Delete】键即可删除浮动视口。

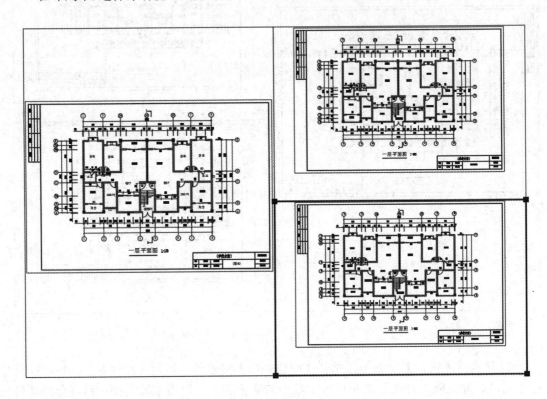

图 7-13　选择浮动视口边界

（六）激活视口

创建视口后，可以根据需要更改其大小、特征、比例，或者对其进行移动。在图纸空间中无法编辑模型空间的对象。如果要编辑模型，必须激活视口，进入模型空间。模型空间与图纸空间之间的切换主要有以下三种方式：

(1) 使用【模型空间】命令 MSPACE 进入模型空间，使用【图纸空间】命令 PSPACE 退回图纸空间。

(2) 以视口线为界线，双击视口线范围以内可以进入模型空间，双击视口线范围外可以退回图纸空间。

(3) 单击底部状态栏的【模型】/【图纸】切换按钮，如图 7-14 所示，可实现模型空间与图纸空间之间的切换。

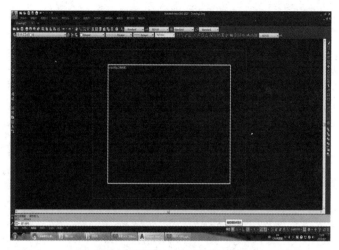

图 7-14　【模型】/【图纸】切换按钮

（七）调整图形

图形的调整有图形缩放和图形平移两种方式。

(1) 图形缩放：在 AutoCAD 绘图过程中，我们习惯用滚轮来缩小或放大图纸，但在缩放图纸的时候常会遇到滚动滚轮而图纸无法继续缩小或放大的情况。如果想显示全图，可以直接输入 "ZOOM" 命令，按【Enter】键，接着输入 A, 按【Enter】键，如图 7-15 所示。

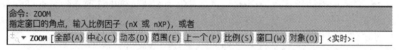

图 7-15　"ZOOM" 命令

(2) 图形平移：通过平移可以重新放置图形。图形的平移除输入【平移】命令 PAN 外，还可以选择菜单栏中的【视图】→【平移】→【实时】命令，或在功能区单击【视图】选项卡【导航】面板中的【平移】按钮。另外，在 AutoCAD 2020 中，为显示控制命令，设置了一个右键快捷菜单，如图 7-16 所示，在该快捷菜单中，可以点选【平移】命令，完成图形的平移。

图 7-16　右键快捷菜单

二、设置页面

（一）插入图框

运行软件 AutoCAD 2020，点击【布局 1】选项卡，将视图空间切换到【布局 1】，在布局空间中选择初始浮动视口边界，按【Delete】键，删除初始视口线。

在布局空间绘制 A3（尺寸为 420 mm × 297 mm）标准图框、标题栏和会签栏，如图 7-17 所示。

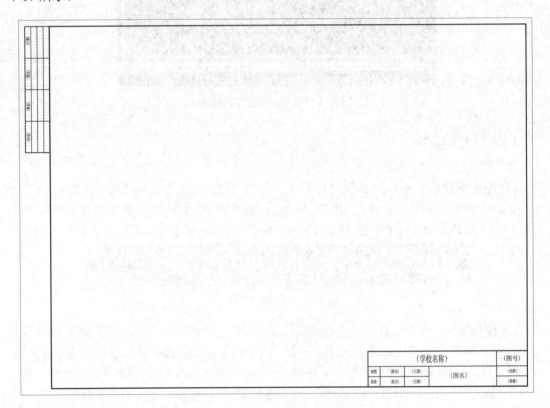

图 7-17　布局空间的标准图框

> 【小贴士】标准图框也可以在模型空间完成，再利用快捷键【Ctrl + C】与【Ctrl + V】，将标准图框从模型空间复制到布局空间。

（二）新建页面

右键点击"布局 1"标签，单击【页面设置管理器】按钮，打开【页面设置管理器】对话框，如图 7-18 所示。在该对话框中可以完成新建布局、修改原有布局、输入存在布局和将某一布局置于当前等操作。

在【页面设置管理器】对话框中单击【新建】按钮，打开【新建页面设置】对话框，如图 7-19 所示。

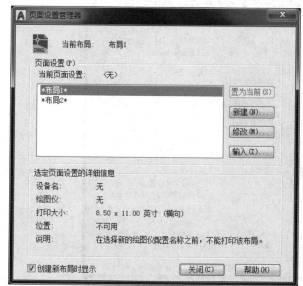

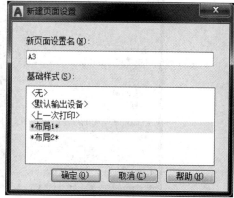

图 7-18 【页面设置管理器】对话框 　　　　图 7-19 【新建页面设置】对话框

在【新建页面设置】对话框中输入新建页面的名称"A3",单击【确定】按钮,打开【页面设置 - 布局 1】对话框,如图 7-20 所示。

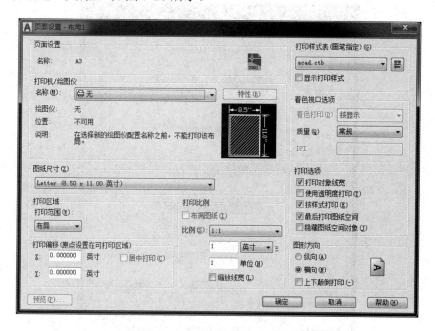

图 7-20 【页面设置 - 布局 1】对话框

(三) 打印机 / 绘图仪设置

在【页面设置 - 布局 1】对话框中,在【打印机 / 绘图仪】中选择打印设备,如果没有连接打印机,可以选择 PDF 虚拟打印,如图 7-21 所示。

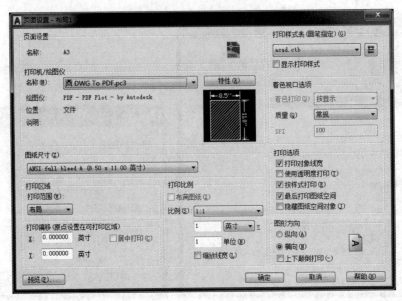

图 7-21 【打印机 / 绘图仪】选择

单击【打印机 / 绘图仪】右边的【特性】按钮，打开【绘图仪配置编辑器】对话框，如图 7-22 所示。

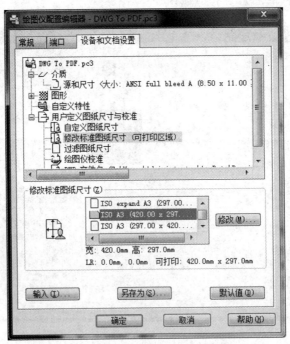

图 7-22 【绘图仪配置编辑器】对话框

在【设备和文档设置】选项卡中选择"修改标准图纸尺寸 (可打印区域)"，在【修改标准图纸尺寸】列表框中选择与插入的图框尺寸一致的图纸"ISO A3(420.00 × 297.00 毫米)"，点击【修改】按钮，打开【自定义图纸尺寸 - 可打印区域】对话框，如图 7-23 所示。在该对话框中可以重新设定图纸上、下、左、右方向的页面边距。

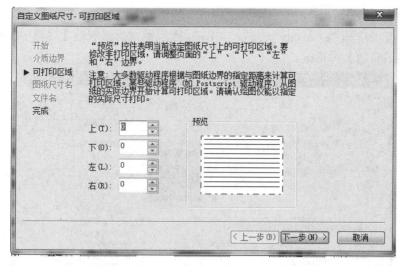

图 7-23　【自定义图纸尺寸 - 可打印区域】对话框

（四）调整图纸

在【页面设置 - 布局 1】对话框中，选择图纸尺寸为"ISO A3(420.00×297.00 毫米)"。

指定要打印的图形区域，应选择打印范围为"窗口"模式，如图 7-24 所示。在布局空间点选标准图幅的两个对角点，形成矩形框。该矩形框为要打印的区域。

在【打印偏移】中选择"居中打印"。为保证图纸的准确性，打印比例应勾选"布满图纸"，或将比例设置为"1∶1"。

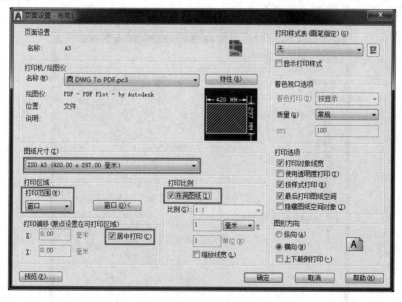

图 7-24　【页面设置 - 布局 1】对话框

（五）设置打印样式

点击【页面设置 - 布局 1】对话框右上角【打印样式表】，选择下拉箭头，可以设定、编辑打印样式表，或者创建新的打印样式表。一般情况下，建筑类图纸输出为黑白色，在【打印样式表】中选择"acad.ctb"样式，如图 7-25 所示。点击右侧【编辑…】按钮，打开【打印样式表编辑器】对话框。

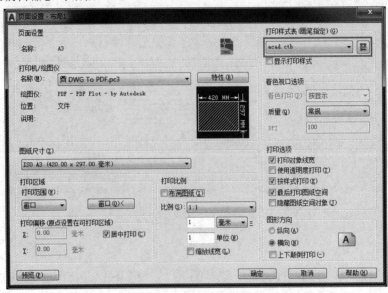

图 7-25 【页面设置 - 布局 1】对话框

在【打印样式表编辑器】对话框中选择【表格视图】选项卡，如图 7-26 所示。在【打印样式】中，按住【Shift】键选中全部 255 种颜色，在右侧【特性】→【颜色】中选中"黑色"，点击最下面的【保存并关闭】按钮。

图 7-26 【打印样式表编辑器】对话框

　　在【页面设置 - 布局 1】对话框中点击【确定】按钮，完成页面设置。在【页面设置管理器】对话框中点击【置为当前】按钮，如图 7-27 所示，将"A3"设置为当前布局。

微课：设置页面

图 7-27　【页面设置管理器】对话框

（六）保存样板文件

　　单击【文件】选项卡面板中的【另存为】按钮，打开【图形另存为】对话框，在【文件类型】中选择"AutoCAD 图形样板"，如图 7-28 所示，指定文件输出的位置，并输入文件名称，点击【保存】按钮。

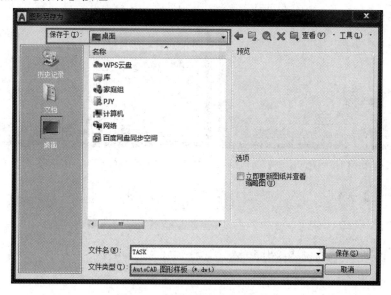

图 7-28　【图形另存为】对话框

任务二　调整视口

布局是一种图纸空间环境，它模拟图纸页面，提供直观的打印设置。在布局中，可以创建、放置视口对象，还可以添加标题栏或其他几何图形。可以在图形中创建多个布局以显示不同视图，每个布局可以包含不同的打印比例和图纸尺寸。

一、锁定与冻结视口

（一）添加视口比例

系统提供的视口比例是常用比例，如果是特殊比例，需要提前设置。

选择菜单栏中的【格式】→【比例缩放列表】命令，在打开的【编辑图形比例】对话框中单击【添加】按钮，如图 7-29 所示。

进入【添加比例】对话框，在【显示在比例列表中的名称】文本框中输入"1：100"，在【图纸单位】文本框中输入"1"，在【图形单位】文本框中输入"100"，如图 7-30 所示。

图 7-29　【编辑图形比例】对话框

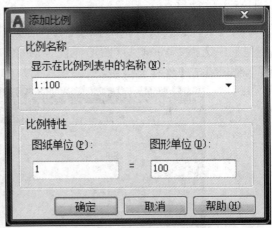

图 7-30　【添加比例】对话框

单击【确定】按钮，完成添加视口比例。

（二）修改视口比例

选择要修改的布局视口线，如图 7-31 所示，在命令行输入"CH"命令，按回车键确认，打开【特性】对话框。

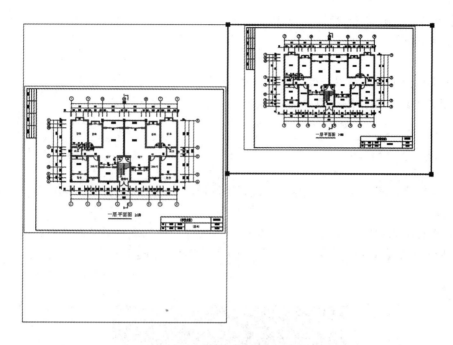

图 7-31　选择要修改的视口

在【特性】对话框中，将【标准比例】中的"自定义"切换为"1:100"，如图 7-32 所示，选定视口的比例将修改为 1:100。

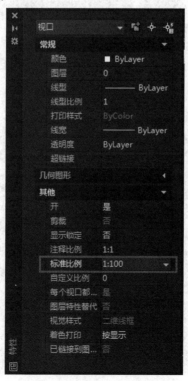

图 7-32　【特性】对话框

比例确定后，在命令行输入"MS"命令，按回车键，进入模型空间，输入"PAN"命令，调整图形位置。

【小贴士】在调整图形位置的过程中，如果觉得视口大小不合适，可使用"PS"命令退回图纸空间，通过调整视口线的边界夹点对视口进行完善。

（三）锁定视口比例

鼠标滚轮有平移与缩放的功能，设置好比例后，为避免滚轮操作改动比例，应及时对其进行锁定。

在命令行输入"PS"命令，按回车键，进入图纸空间，选择调整好的视口线，在【特性】对话框中将【显示锁定】的"否"切换为"是"，如图 7-33 所示，选定的视口比例就被锁定了。

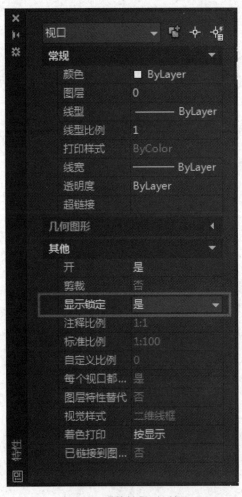

图 7-33　【特性】对话框

如果再次修改已经锁定的视口，则需要将【显示锁定】中的"是"切换为"否"。视口比例的选择与锁定也可以通过界面右下角的状态栏来实现，如图 7-34 所示。

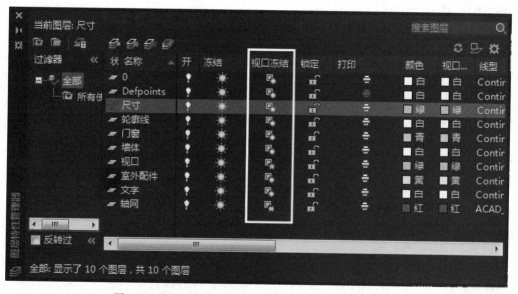

图 7-34　视口比例状态栏

（四）冻结视口

为提高出图的效果，有时需要隐藏视口线，可以通过【图层特性管理器】中的"视口冻结"功能实现。

如果之前没有建立"视口"图层，则需要打开【图层特性管理器】，新建一个名为"视口"的图层，然后框选视口线，将其切换到"视口"图层。

单击【图层特性】按钮，打开【图层特性管理器】对话框，在"视口冻结"列中选择要冻结或解冻的图层，如图 7-35 所示。

图 7-35　【图层特性管理器】对话框

微课：锁定与
冻结视口

只有在布局空间打开的【图层特性管理器】中才会有"视口冻结"功能。"视口冻结"功能不会影响模型空间。图 7-36 为在模型空间打开的【图层特性管理器】对话框。

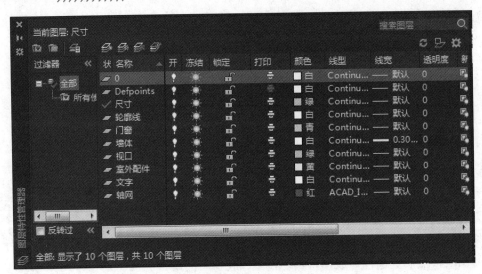

图 7-36   在模型空间的【图层特性管理器】对话框

二、布局不同比例图形

一个布局中设置两个不同比例的视口，除了会应用比例选择与比例锁定外，还需要掌握如何在布局空间新建一个异形（封闭多段线）浮动视口。封闭多段线包括了圆、面域、样条线或椭圆等。常见多段线视口形状如图 7-37 所示。

图 7-37   常见多段线视口形状

首先，在布局空间用【多段线】命令 PL 绘制一个封闭的视口形状；然后，在命令提示下输入"MV"命令，按回车键确定，如图 7-38 所示。

命令: MV MVIEW
指定视口的角点域 [开(ON)/关(OFF)/布满(F)/着色打印(S)/锁定(L)/新建(NE)/命名(NA)/对象(O)/多边形(P)/恢复(R)/图层(LA)/2/3/4] <布满>: o 选择要剪切视口的对象: 正在重生成模型。
[二]- 键入命令

图 7-38   生成异形浮动视口

根据命令行提示，输入"O"，并在布局界面点选多段线作为"对象"，系统将对多段线重新生成浮动视口。

微课：布局不同
比例图形

三、标注布局空间

（一）设置标注样式

布局空间尺寸标注和模型空间尺寸标注的命令与方法完全一样。

在标注过程中，标注样式不能混淆，以设置出图效果高度 5 mm 的文字样式为例，用于 1∶100 模型空间的字高应该设置为 500，用于 1∶50 模型空间的字高应该设置为 250。而布局空间反映的是真实图纸的实际尺寸，应按 1∶1 的比例设置，字体高度应为 5。所以，如果在布局空间进行标注，需要新建一个标注样式。

【小贴士】在一个布局中，当出现两个不同比例的视口时，如果视口都在各自的模型空间进行尺寸标注，而标注样式设置不准确的话，打印出来的文字高度会不一样。在这种情况下，可以尝试放弃模型空间的尺寸标注，统一采用布局空间的标注样式，在布局空间进行标注。

（二）布局空间标注

在布局空间进行尺寸标注时，应确保布局中的标注与模型空间中的对象相关联，输入命令"OP"，打开【选项】对话框，在【用户系统配置】选项卡中勾选【使新标注可关联】，如图 7-39 所示。

图 7-39　【选项】对话框

　　虽然是在布局空间进行标注，但在标注过程中，需要指定的第一个和第二个尺寸界线的原点都应该是模型空间的点，而不是布局空间的点。

　　例如，"830" 与 "1" 是在布局空间完成的标注，如图 7-40 所示，在模型空间 2600 绘制的 "M6"，在布局空间却被标注成 "1"，原因是：在标注 M6 的过程中，第一个尺寸界线的原点指定在了左侧 "830" 标注线的第二个尺寸界线上，而这段尺寸界线是布局空间的线段。长度 "1" 是门 (M6) 出图后的效果。

微课：标注布局空间

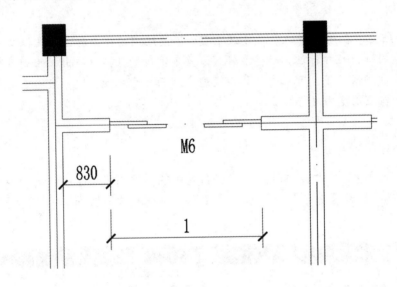

图 7-40　布局空间的标注

　　说明性的文字也可以直接注释在布局空间，字高按实际需要以 1:1 的比例设置。

任务三　输出图形

一、从模型空间输出图形

　　从模型空间输出图形时，需要在打印时指定图纸尺寸，即在【打印 - 模型】对话框中选择要使用的图纸尺寸，对话框中列出的图纸尺寸取决于在【打印】或【页面设置】对话框中选定的打印机或绘图仪。

　　从模型空间输出图形的步骤如下：

　　(1) 运行软件 AutoCAD 2020，打开绘制完成的正立面图。

　　(2) 单击【文件】选项卡中的【打印】按钮，执行打印操作。

　　(3) 打开【打印 - 模型】对话框，在该对话框中设置打印机名称为 "DWG To PDF.

pc3", 选择图纸尺寸为 "ISO A3 (420.00 × 297.00 毫米)", 打印范围设置为 "窗口", 选取图纸的两角点, 勾选 "居中打印" 与 "布满图纸" 复选框, 图形方向设置为 "横向", 其他采用系统默认设置, 如图 7-41 所示。

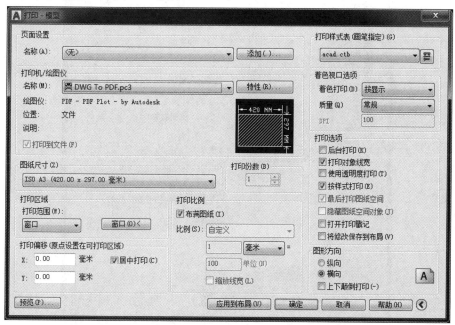

图 7-41 【打印 - 模型】对话框

(4) 单击【预览】按钮, 打印预览效果如图 7-42 所示。按【Esc】键, 退出打印预览并返回【打印 - 模型】对话框。

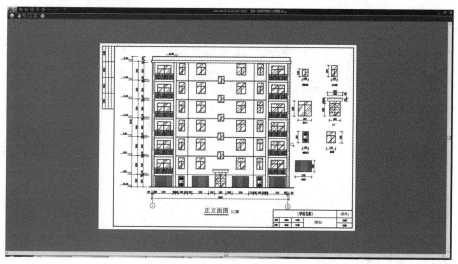

图 7-42 打印预览

(5) 如果需要彩色打印, 单击【打印样式表】编辑器按钮, 在打开的【打印样式表编辑器】对话框中将所有打印样式的颜色特性选定为 "使用对象颜色", 如图 7-43 所示, 保存并关闭, 再次返回到【打印 - 模型】对话框。

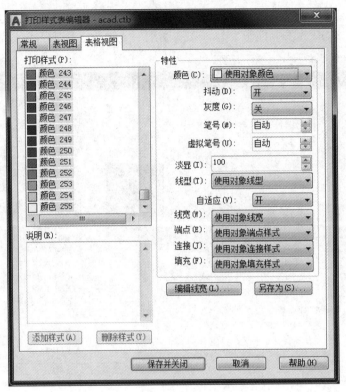

图 7-43 【打印样式表编辑器】对话框

　　(6) 完成所有的设置后，单击【打印 - 模型】对话框中的【确定】按钮，打开【浏览打印文件】对话框，指定图纸保存位置，如图 7-44 所示，单击【保存】按钮。

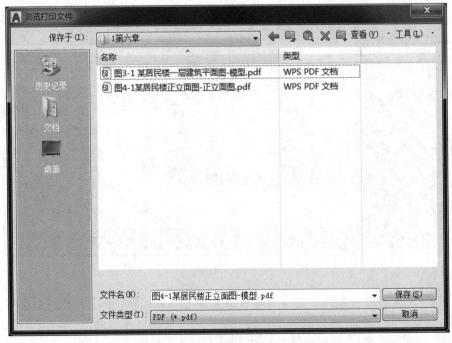

图 7-44 【浏览打印文件】对话框

二、从图纸空间输出图形

从图纸空间输出图形的步骤如下：

(1) 运行软件 AutoCAD 2020，打开绘制完成的正立面图，不需要绘制图框、标题栏和会签栏。

(2) 右击【布局 1】选项卡，在弹出的快捷菜单中选择【从样板】命令，如图 7-45 所示。

图 7-45　选择【从样板】命令

(3) 打开【从文件选择样板】对话框，如图 7-46 所示。在【查找范围】的路径中选择本项目任务一保存的样板文件，单击【打开】按钮。

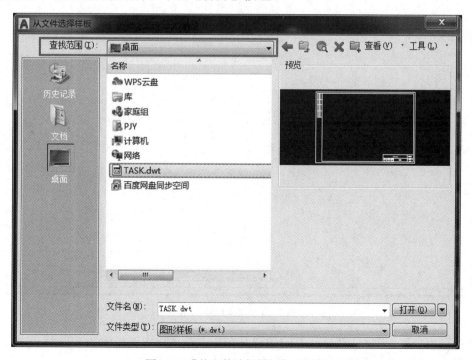

图 7-46　【从文件选择样板】对话框

(4) 打开【插入布局】对话框,【布局名称】选择"布局 1",如图 7-47 所示,单击【确定】按钮,新的布局生成,默认名为"布局 3- 布局 1"。

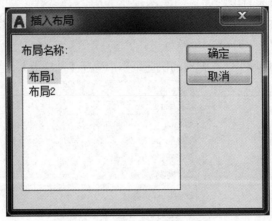

图 7-47 【插入布局】对话框

(5) 点击【布局 3 - 布局 1】选项卡,将视图空间切换到"布局 3- 布局 1",输入【视口】MV 命令,点选图框左上角点与右下角点作为视口交点,如图 7-48 所示,创建浮动视口。

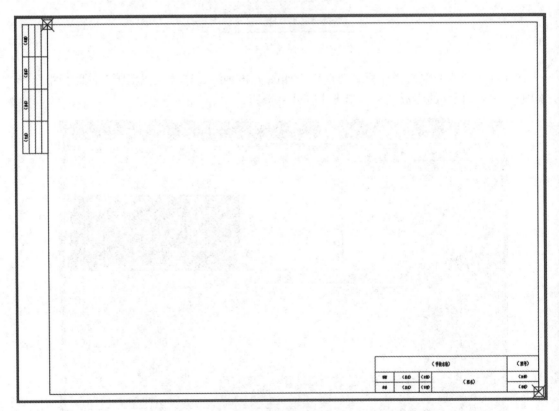

图 7-48 创建浮动视口

(6) 视口创建完成后,默认状态的图形满布居中在视口中,如图 7-49 所示。接下来参照本项目任务二,调整图形的位置,修改视口比例,冻结视口线。

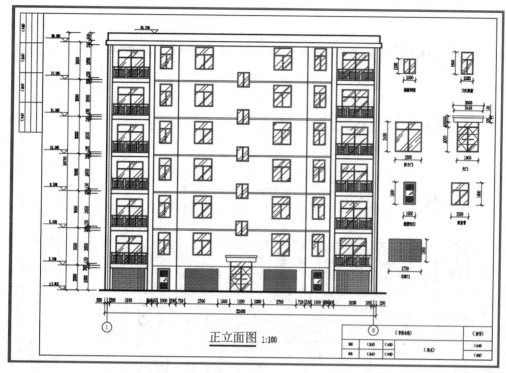

图 7-49 默认状态的图形

(7) 单击【文件】选项卡中的【打印】按钮，执行打印操作，如图 7-50 所示。单击【打印 - 布局 3- 布局 1】对话框左下方的【预览】按钮，打印预览效果如图 7-51 所示。

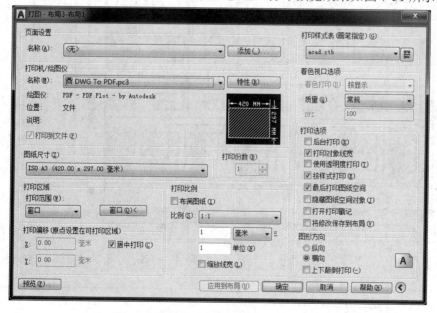

图 7-50 【打印 - 布局 3 - 布局 1】对话框

(8) 右击预览窗口，在弹出的快捷菜单中选择【打印】命令，将 PDF 格式的图形保存到相应的文件夹中，完成从图纸空间输出图形。

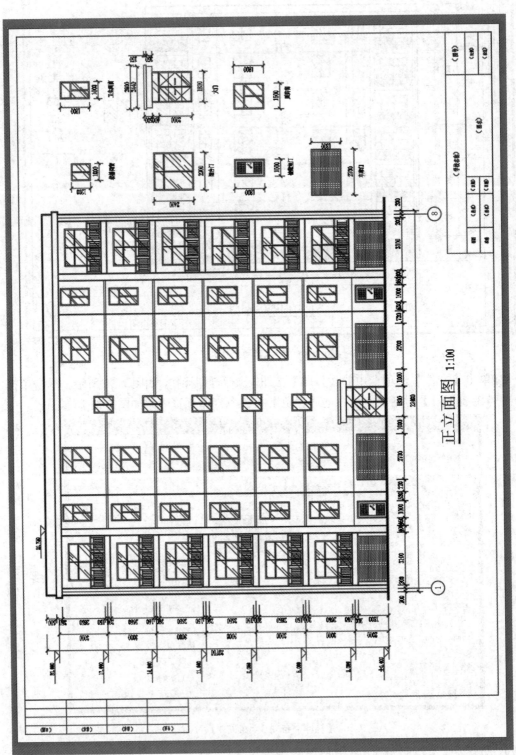

图 7-51 打印预览效果

【小贴士】对于标题栏与会签栏中的信息，可以参考项目三中的方法进行修改，在此不再赘述。

三、批量打印

批量打印的步骤如下：

(1) 运行软件 AutoCAD 2020，打开样板文件，如图 7-52 所示。

图 7-52　打开样板文件

(2) 在模型空间完成一层平面图、正立面图与 1-1 剖面图的绘制，如图 7-53 所示。

【小贴士】打开样板文件与模型空间绘图没有绝对的先后关系，在先绘图的情况下，可以参照本任务中的"从图纸空间输出图形"，导入样板文件。

微课：批量打印

(3) 点击【布局 1】选项卡，将视图空间切换到【布局 1】，在【布局 1】中创建浮动视口，修改视口比例为 1:100，运用平移命令将"一层平面图"调整到视口中，锁定视口，如图 7-54 所示。

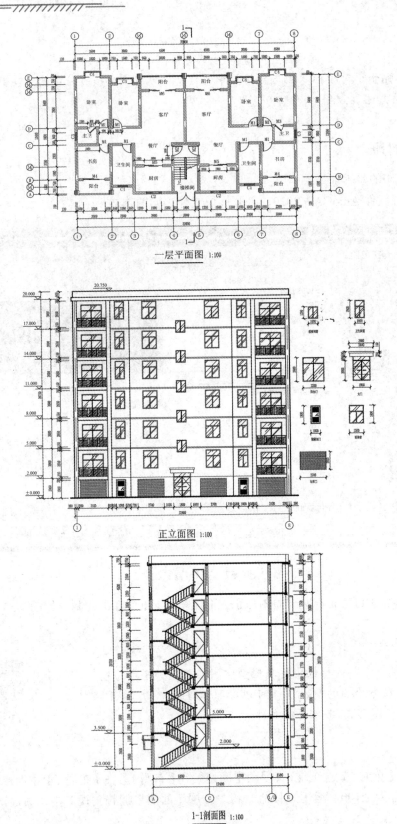

一层平面图 1:100

正立面图 1:100

1-1剖面图 1:100

图 7-53 模型空间图形

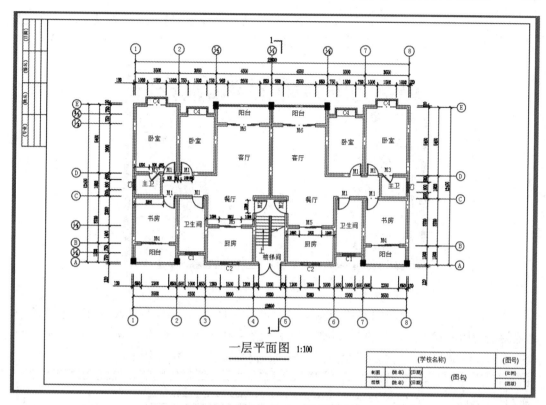

图 7-54　视口中的"一层平面图"

(4) 右键点击【布局】标签，将"布局 1"重命名为"一层平面图"。

(5) 右键点击【一层平面图】布局标签，打开【页面设置管理器】对话框，勾选左下方的【创建新布局时显示】选项，单击【关闭】按钮，如图 7-55 所示。

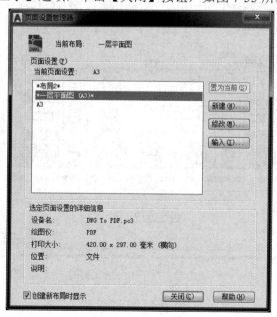

图 7-55　【页面设置管理器】对话框

(6) 右键点击【一层平面图】布局标签，点选【移动或复制】命令，在【移动或复制】对话框中点选"(移到结尾)"，并勾选【创建副本】，如图 7-56 所示，点击【确定】按钮，新的布局"一层平面图 (2)"生成。

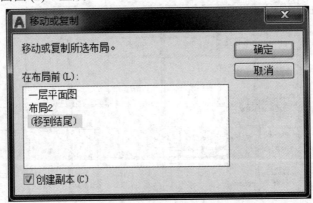

图 7-56 【移动或复制】对话框

(7) 将布局"一层平面图 (2)"重命名为"正立面图"，点击布局【正立面图】选项卡，将视图空间切换到"正立面图"。点选视口线，解锁视口，使用命令"MS"进入模型空间，运用平移命令调整"正立面图"到视口中，锁定视口，如图 7-57 所示。

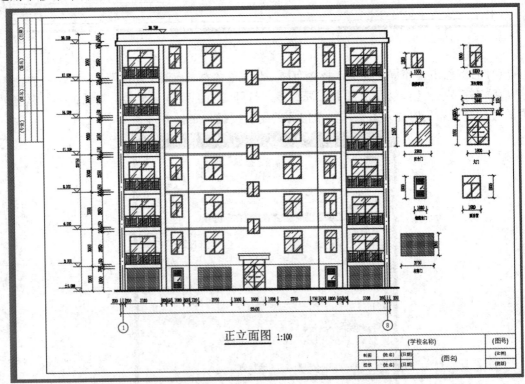

图 7-57 视口中的正立面图

(8) 用与创建布局"正立面图"相同的方法完成布局"1-1 剖面图"，并进行重命名与视口调整，如图 7-58 所示。

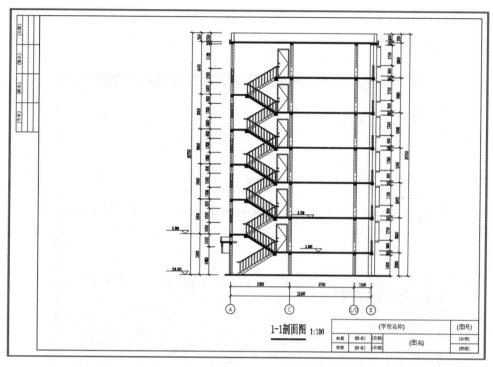

图 7-58 视口中的 1-1 剖面图

(9) 选择菜单栏中的【文件】→【发布】命令，执行发布操作。【发布】命令用于将图纸指定为多页图形集，可对其进行组合、重排序、重命名、复制和保存。

在【发布】对话框中，点击【发布选项信息】按钮，可以指定输出的位置，如图 7-59 所示。

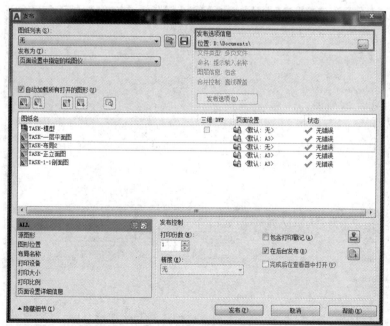

图 7-59 【发布】对话框

对于【三维 DWF】或【页面设置】下"默认：无"的图纸，其【预览】按钮处于不活动状态，这类图纸是无法发布的，点击【删除图纸】按钮将其删除，如图 7-60 所示。此外，【发布】对话框还能添加图纸、上移图纸与下移图纸。

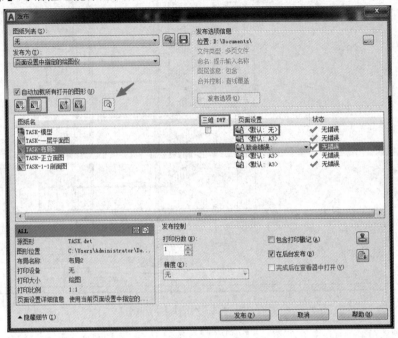

图 7-60　删除图纸

(10) 在【打印份数】中设置要发布的物理副本数量，勾选【包含打印戳记】，如图 7-61 所示，将在每个图形的指定角放置一个打印戳记，并将戳记记录在文件中。

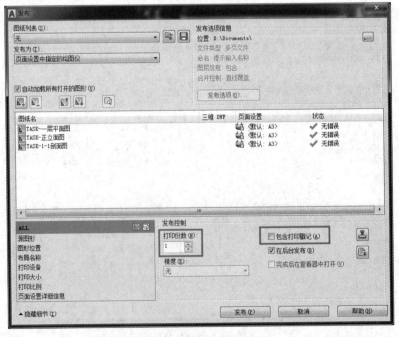

图 7-61　【发布】对话框

点击印章图标，打开【打印戳记】对话框，如图 7-62 所示，在其中可以指定要应用于打印戳记的信息。

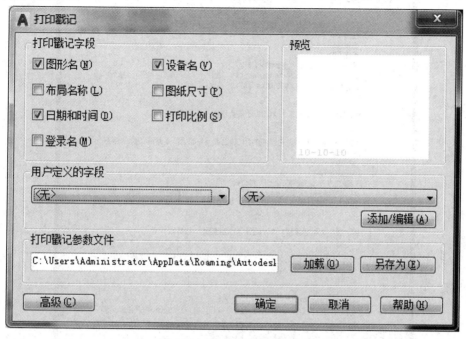

图 7-62 【打印戳记】对话框

(11)【发布】对话框设置完成后，点击【发布】按钮，在输出位置可以看到发布的批量图纸。点击界面右下角，可以看到图纸批量打印的具体信息，如图 7-63 所示。

图 7-63 发布的状态

(12) 在菜单中选择【查看打印和发布详细信息】命令，在【打印和发布详细信息】对话框中可以看到具体信息，如图 7-64 所示。

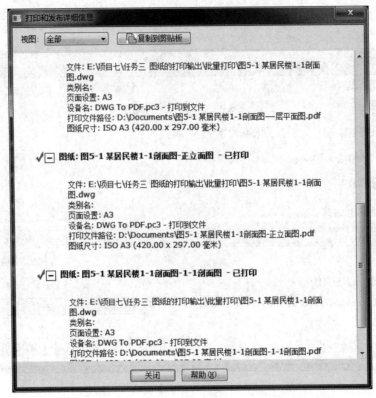

图 7-64 【打印和发布详细信息】对话框

项目小结

　　本项目介绍了图纸布局与打印输出的基本流程和步骤，包括在 AutoCAD 中导入与输出图形、创建和使用浮动视口管理布局、打印与输出图纸等基本操作。

　　图纸布局与打印输出是图形绘制完成后将其变为实物过程中的关键一环，而在图纸布局与打印输出过程中的技巧显得非常重要，不仅要保证图形清晰、美观，还要追求速度。这就要求读者在后期学习或者工作的过程中多加练习，熟悉整个流程和技巧。

同步测试

　　1. 将当前图形生成四个视口，在一个视口中新画一个圆并将全图平移，其他视口的结果是（　　）。

　　A. 其他视口生成圆，也同步平移　　　　B. 其他视口不生成圆，但同步平移

　　C. 其他视口生成圆，但不平移　　　　　D. 其他视口不生成圆，也不平移

　　2. 在图纸空间编辑模型，需要激活视口，进入模型空间。激活视口的方式有（　　）。

　　A. 使用"MS"命令进入模型空间

B. 双击视口线范围以内进入模型空间

C. 单击状态栏的【模型】/【图纸】切换按钮进入模型空间

D. 将视图约束固定

3. 要查看图形中的全部对象，下列操作恰当的是 (   )。

A. 在"ZOOM"下执行"P"命令   B. 在"ZOOM"下执行"A"命令

C. 在"ZOOM"下执行"S"命令   D. 在"ZOOM"下执行"W"命令

4. 视口比例设置好后，为避免滚轮操作改动比例，应及时对其进行锁定。锁定视口的方式有 (   )。

A. 将视口【特性】对话框中的【显示锁定】选择"是"

B. 使用【视口】命令 MV 实现

C. 单击状态栏的【视口锁定】切换按钮实现

D. 单击【格式】选项卡中的【比例缩放列表】面板

5. 在布局空间标注 5 mm 高的文字，对标注样式进行设置，下列说法正确的是 (   )。

A. 对于视口比例 1：100，字高应该设置为 500

B. 对于视口比例 1：20，字高应该设置为 100

C. 对于视口比例 1：10，字高应该设置为 50

D. 应按 1：1 的比例设置字体高度为 5

6. 在 AutoCAD 中，使用【打印】对话框中的 (   ) 选项，可以指定是否在每个输出图形的某个角落上显示绘图标记，以及是否产生日志文件。

A. 打印到文件   B. 打开打印戳记   C. 后台打印   D. 样式打印

附　录

附录一　AutoCAD 常用命令快捷键

一、常用命令快捷键

命令	快捷键	命令	快捷键	命令	快捷键
直线	L	点	PO	多段线	PL
正多边形	POL	矩形	REC	圆	C
圆弧	A	椭圆	EL	多行文本	T
单行文本	DT	创建块	B	插入块	I
定数等分	DIV	填充	H	样条曲线	SPL
复制	CO	镜像	MI	阵列	AR
偏移	O	旋转	RO	移动	M
删除	E	分解	X	修剪	TR
延伸	EX	拉伸	S	缩放	SC
修改文本	ED	平移	P	线性标注	DLI
对齐标注	DAL	半径标注	DRA	直径标注	DDI
角度标注	DAN	基线标注	DBA	连续标注	DCO
标注样式	D	编辑标注	DED	点标注	DOR
属性定义	ATT	编辑属性	ATE	线型比例	LTS
线宽	LW	文字样式	ST	打印	PRINT
重新生成	RE	重命名	REN	设置捕捉模式	OS
倒角	CHA	倒圆角	F	局部放大	Z
打断	BR	直线拉长	LEN	多段线编辑	PE

二、常用功能快捷键

功能	快捷键	功能	快捷键	功能	快捷键
帮助	F1	文本窗口	F2	对象捕捉	F3
栅格	F7	正交	F8	极轴	F10

附录二　训练工程案例图

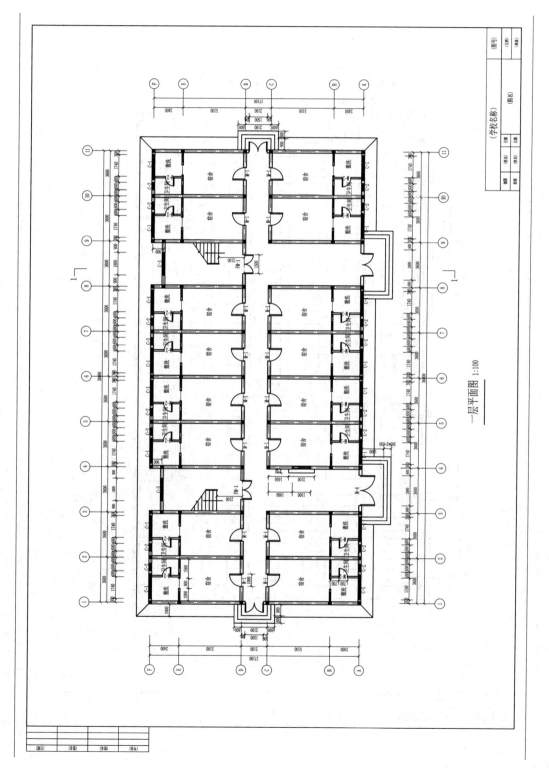

一层平面图 1:100

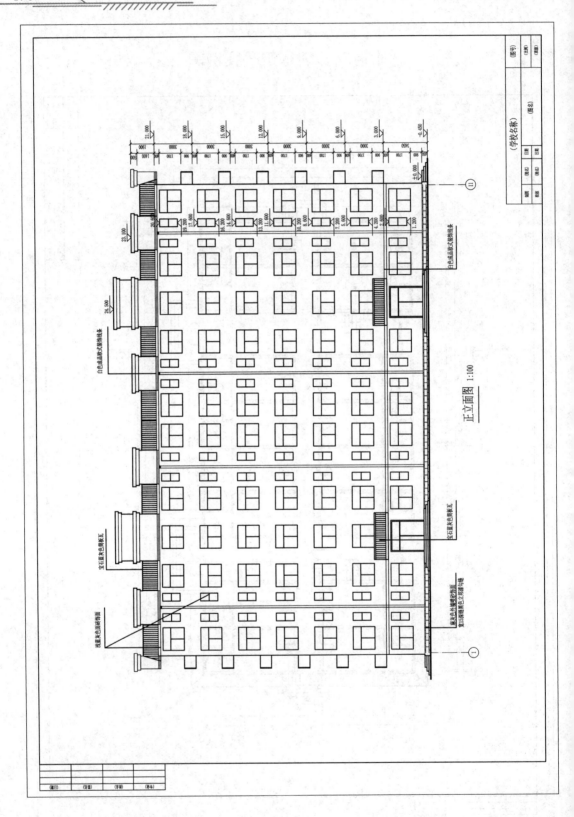

正立面图 1:100

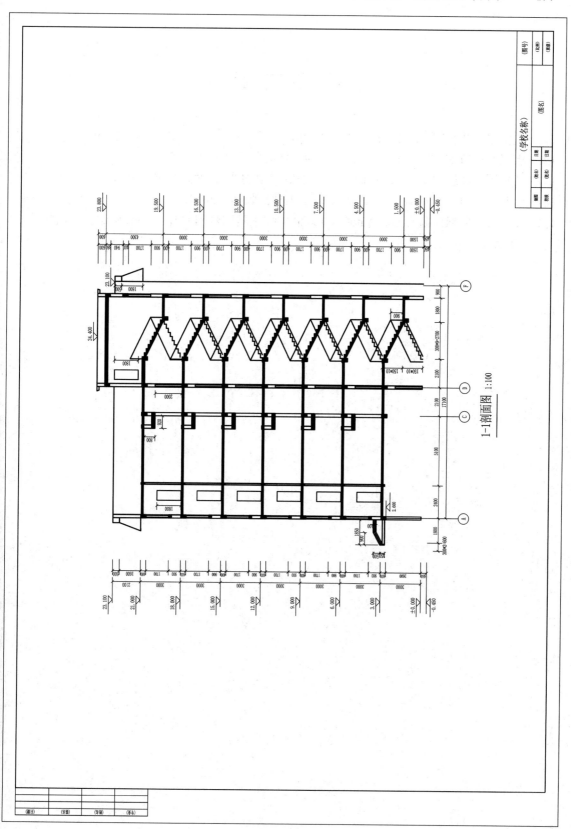

1-1剖面图 1:100

参 考 文 献

[1] 巩宁平，陕晋军，邓美荣. 建筑 CAD[M]. 北京：机械工业出版社，2019.

[2] 郭慧. 建筑 CAD 项目教程 [M]. 北京：北京大学出版社，2021.

[3] 董祥国. 建筑 CAD 技能实训 [M]. 北京：中国建筑工业出版社，2022.

[4] 沈莉. 建筑 CAD[M]. 北京：北京理工大学出版社，2019.

[5] 姜春峰,武小红,魏春雪. AutoCAD2020 中文版基础教程 [M]. 北京：中国青年出版社，
     2019.